Das bietet Ihnen die CD zum Buch

Arbeitshilfen

- Situationsanalyse
- Zieldefinition
- Mitarbeiterauswahl
- Arbeitspaketbeschreibung
- Projektmeeting
- und andere mehr

Budgetierungshilfen

- Investitionsrechnung
- Soll/Ist-Vergleich für Projektkosten
- Soll/Ist-Vergleich für Projekt-termine

Checklisten und Berichte

- Risikencheckliste
- Projektstatusbericht
- Projektabschlussbericht
- To-Do-Liste für Restarbeiten
- Feedback-Formular
- und andere mehr

Planungshilfen

- Projektstrukturplan
- Projektablaufplan
- Projektterminplan
- Ressourcenplan
- Kostenplanung

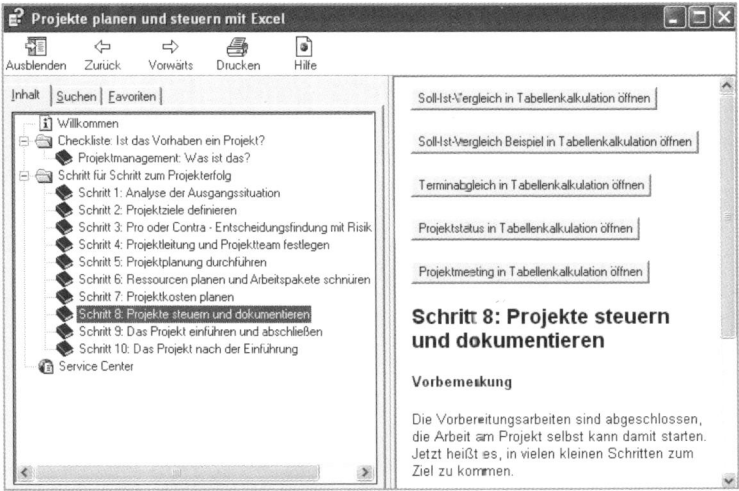

Sie finden alle Arbeitshilfen auf der CD übersichtlich nach den einzelnen Projektschritten gegliedert.

Bibliographische Information Der Deutschen Bibliothek

Die Deutsche Bibliothek verzeichnet diese Publikation in der Deutschen Nationalbibliographie; detaillierte bibliographische Daten sind im Internet über http://dnb.ddb.de abrufbar.

ISBN: 978-3-448-08619-5   Bestell-Nr. 00098-0001

1. Auflage 2007

© 2007, Rudolf Haufe Verlag GmbH & Co. KG
Niederlassung München
Redaktionsanschrift: Postfach, 82142 Planegg/München
Hausanschrift: Fraunhoferstraße 5, 82152 Planegg/München
Telefon: (089) 895 17-0,
Telefax: (089) 895 17-290
www.haufe.de
online@haufe.de
Redaktion: Volker Jung, Dr. Ilonka Kunow

CD-Redaktion: Sabine Seeberg
Schlussredaktion und DTP: rausatz, Hans-Jörg Knabel, 77731 Willstätt
Umschlag: KIENLE Visuelle Kommunikation, 70178 Stuttgart
Druck: Bosch-Druck GmbH, 84030 Ergolding

Zur Herstellung dieses Buchs wurde alterungsbeständiges Papier verwendet.

Projekte planen und steuern mit Excel

von
Susanne Kowalski

Haufe Mediengruppe
Freiburg · Berlin · München

Inhalt

Vorwort		**8**
1	**Projektmanagement: Was ist das?**	**9**
1.1	Der Begriff Projektmanagement	9
1.2	Zusammenfassung	13
2	**Voraussetzungen für erfolgreiches Projekt-** **management**	**15**
2.1	Die Erfolgsfaktoren	15
2.2	Das Ziel	16
2.3	Informationsmanagement	18
2.4	Die Planung	18
2.5	Weg damit: Die Störfaktoren	20
2.6	Zusammenfassung	20
3	**Schritt 1: Analyse der Ausgangssituation**	**23**
3.1	Wo stehen wir?	23
3.2	Die Ausgangssituation	24
3.3	Analyse der Ausgangssituation	26
3.4	Excel-Know-how	30
3.5	Zusammenfassung	33
4	**Schritt 2: Projektziele definieren**	**35**
4.1	Ziele setzen	35
4.2	Schritt für Schritt zur Zieldefinition	36
4.3	Die Arbeitshilfe zur Zieldefinition	38
4.4	Excel-Know-how	43
4.5	Zusammenfassung	44

5	**Schritt 3: Pro oder Contra: Entscheidungsfindung mit Risikoanalyse**	**45**
5.1	Packen wir es an?	45
5.2	Die Risikoanalyse	46
5.3	Exkurs: Verfahren der Wirtschaftlichkeitsrechnung	47
5.4	Die Arbeitshilfen zum Kapitel	50
5.5	Excel-Know-how	55
5.6	Zusammenfassung	59
6	**Schritt 4: Projektleitung und Projektteam festlegen**	**61**
6.1	Geeignete Mitarbeiter finden	61
6.2	So finden Sie den richtigen Projektleiter	62
6.3	Die Teammitarbeiter	63
6.4	Die Arbeitshilfen zu diesem Kapitel	64
6.5	Excel-Know-how	69
6.6	Zusammenfassung	70
7	**Schritt 5: Projektplanung durchführen**	**71**
7.1	Struktur, Ablauf, Termine	71
7.2	Die Einzelpläne	72
7.3	Arbeitshilfen zu diesem Kapitel	74
7.4	Excel-Know-how	84
7.5	Zusammenfassung	91
8	**Schritt 6: Ressourcen planen und Arbeitspakete schnüren**	**93**
8.1	Die Ressourcen	93
8.2	So verwalten Sie Ihre Ressourcen	94
8.3	Die Arbeitshilfen zu diesem Kapitel	95
8.4	Excel-Know-how	102
8.5	Zusammenfassung	108
9	**Schritt 7: Projektkosten planen**	**109**
9.1	Die finanzielle Belastung abschätzen	109
9.2	Exkurs: Wesentliches aus der Kostenrechnung	110

9.3	Diese Schwierigkeiten kommen auf Sie zu	112
9.4	Die Arbeitshilfe zu diesem Kapitel	115
9.5	Excel-Know-how	121
9.6	Zusammenfassung	123

10   **Schritt 8: Projekte steuern und dokumentieren**   **125**

10.1	Das Projekt läuft an	125
10.2	Projektcontrolling mit Hilfe von Soll/Ist-Vergleichen	126
10.3	Dokumentation und Kommunikation	128
10.4	Die Arbeitshilfen zu diesem Kapitel	131
10.5	Excel-Know-how	139
10.6	Zusammenfassung	143

11   **Schritt 9: Das Projekt einführen und abschließen**   **145**

11.1	Die Arbeitspakete wurden abgeschlossen	145
11.2	Das Projekt präsentieren	146
11.3	Die Arbeitshilfen zu diesem Kapitel	149
11.4	Excel-Know-how	156
11.5	Zusammenfassung	161

12   **Schritt 10: Das Projekt nach der Einführung**   **163**

12.1	Das ist nach der Einführung noch zu erledigen	163
12.2	Restarbeiten und Nachbesserungen	164
12.3	Die Arbeitshilfen zu diesem Kapitel	165
12.4	Excel-Know-how	170
12.5	Zusammenfassung	172

13   **So verknüpfen Sie Ihre Excel-Tools**   **175**

13.1	Effektiv arbeiten	175
13.2	So verknüpfen Sie Ihre Tools	176
13.3	Besonderheiten im Umgang mit verknüpften Tools	178
13.4	Verknüpfungen ermitteln und löschen	178
13.5	Zusammenfassung	181

14   Projektressourcen in Szenarien abbilden   183

14.1 Verschiedene Situationen durchspielen   183

14.2 Arbeitszeitszenarien für Ihre Projektmitarbeiter   184

14.3 Zusammenfassung   192

15   Arbeiten mit Formeln und Funktionen   195

15.1 Rüstzeug für Ihre Berechnungen   195

15.2 Einfache Formeln für Berechnungen   196

15.3 Absolute und relative Zellbezüge   199

15.4 Einsatz von Funktionen   201

15.5 Mit Datums- und Zeitwerten rechnen   206

15.6 Pannenhilfe bei der Arbeit   208

15.7 Zusammenfassung   214

16   Wichtige Instrumente für die Projektarbeit   217

16.1 Wichtige Werkzeuge für die Projektarbeit   217

16.2 Schutz für Tabellen und Arbeitsmappen   218

16.3 Eingaben kommentieren   220

16.4 Die Übersicht in komplexen Projektdateien behalten   221

16.5 Die Projektdaten optimal drucken   221

16.6 Zusammenfassung   227

Die Excel-Tools im Überblick   229

Stichwortverzeichnis   237

Vorwort

Jedes Projekt ist aufgrund seines individuellen Charakters einmalig. Darüber hinaus ist es in der Regel von zentraler Bedeutung für ein Unternehmen und mit einer komplexen Aufgabenstellung verbunden.

Dieser Baukasten unterstützt Sie bei allen wichtigen Aufgaben als Projektleiter. Er enthält nützliche Tools für jede einzelne Phase der Projektarbeit und versetzt Sie in die Lage, das Gesamtprojekt zu strukturieren und die damit verbundenen Maßnahmen – von der Planung bis zur Kontrolle – zu präzisieren. Schritt für Schritt kommen Sie damit Ihrem Projekterfolg näher.

Aus dem Excel-Baukasten können Sie sich ganz gezielt das heraussuchen, was Sie für Ihre Arbeit benötigen. Bei allen Tools handelt es sich um Praxislösungen, die Sie bei Bedarf an individuelle Aufgabenstellungen und Projektanforderungen angleichen können. Auf der mitgelieferten CD finden Sie alle im Buch vorgestellten Tools zum Ausfüllen und Berechnen.

Am Ende dieses Buches stelle ich Ihnen die wichtigsten Formeln, Funktionen und Excel-Techniken speziell für die Arbeit in Projekten vor. Dabei war es mir ein besonderes Anliegen, Ihnen diejenigen Informationen mit auf den Weg zu geben, die Sie benötigen, um den Praxisbezug zur Projektarbeit erfolgreich herzustellen. Auch Anwendern mit geringen Vorkenntnissen wird es gelingen, die dargestellten Arbeitstechniken anzuwenden und im Rahmen der Projektarbeit umzusetzen.

Ich wünsche Ihnen viel Spaß beim Lesen und viel Erfolg mit Ihren Projekten!

Susanne Kowalski

1 Projektmanagement: Was ist das?

Projekte unterscheiden sich grundsätzlich von Routinearbeiten. Sie zeichnen sich durch ihren individuellen Charakter aus, sind in der Regel von zentraler Bedeutung und mit einer komplexen Aufgabenstellung verbunden.

Das ist der Grund, warum sie einer besonderen Organisation bedürfen und für Projektmanager eine echte Herausforderung darstellen. Die Projektleitung ist verantwortlich dafür, dass eine effektive und effiziente Abwicklung von Projekten gewährleistet wird, egal, ob es um die Einführung neuer Arbeitstechniken oder um die Einrichtung und Einweihung einer Filiale geht. Bei der Projektarbeit muss vom Budget bis zur Dekoration alles passen. Das ist die Aufgabe des Projektmanagements.

Aufgabe des Projektmanagements

1.1 Der Begriff Projektmanagement

Im ersten Kapitel dieses Buches geht es um das Einordnen des Begriffs Projektmanagement. Der Begriff setzt sich zusammen aus den Begriffen Projekt und Management. Es liegt also nahe, zunächst zu klären, was hinter diesen beiden Begriffen steht.

Das Projekt

Ein Projekt wird nach DIN 690901 wie folgt definiert: „... ein Vorhaben, das im Wesentlichen durch Einmaligkeit der Bedingungen in ihrer Gesamtheit gekennzeichnet ist, wie z. B. Zielvorgabe, zeitliche, finanzielle, personelle oder andere Begrenzungen, Abgrenzungen gegenüber anderen Vorhaben, projektspezifische Organisation."

DIN 690901

Charakter eines Projekts

Jedes Projekt ist auf Grund seines individuellen Charakters

- einmalig
- nicht alltäglich
- also anders

Das heißt: Die Ergebnisse eines erfolgreichen Projekts können nicht eins zu eins auf ein anderes Projekt übertragen werden, sind aber hilfreich bei dessen Durchführung.

Merkmale eines Projekts

Projekte haben eine Veränderung zum Ziel. Ein weiteres wichtiges Merkmal eines Projekts ist die Begrenzung der Ressourcen:

- zeitliche Begrenzung
- räumliche Begrenzung
- personelle Begrenzung
- in der Regel finanzielle Begrenzung

Diese Projekte gibt es in der Praxis

Projekte gibt es in den unterschiedlichsten Bereichen unseres Umfelds:

- private Projekte, wie Bau eines Eigenheims
- Projektarbeit im Verein, z. B. Aufbau einer Jugendmannschaft
- politische Projekte, wie Gewinnen der Wahlen
- Projektarbeit im Unternehmen beispielsweise die Einführung einer neuen Software.

In diesem Buch geht es um Projekte in Unternehmen.

Liegt ein Projekt vor?

Eine Formel bzw. eine allgemein gültige Regel, wann es sich um ein Projekt handelt und wann nicht, gibt es nicht.

PM_Checkliste_Projekt.xls

Als Arbeitshilfe stellen wir Ihnen dazu die Checkliste **PM_Checkliste_Projekt.xls** zur Verfügung. Sie soll der Orientierung dienen, ob ein Projekt vorliegt oder nicht. Die Checkliste eignet sich sowohl zum Ausfüllen per Hand als auch am PC. Sie können die Fragen aber auch in eine eigene Tabelle übernehmen und ergänzen oder modifizieren. In der Arbeitshilfe sind diese Fragen vorgesehen:

Checkliste: Liegt ein Projekt vor?	
1. Hat das Vorhaben einen individuellen Charakter?	
2. Ist das Vorhaben von zentraler Bedeutung?	
3. Ist das Vorhaben mit einer komplexen Aufgabenstellung verbunden?	
4. Bedarf das Vorhaben einer besonderen Organisation?	
5. Bedarf das Vorhaben einer besonderen Planung?	
6. Bedarf das Vorhaben der Koordination verschiedener Bereiche?	
7. Bedarf das Vorhaben der Zusammenarbeit verschiedener Bereiche?	
8. Muss das Vorhaben in einem bestimmten Zeitraum abgeschlossen werden?	
9. Bedarf das Vorhaben einer Leitung?	
10. Muss das Vorhaben mit begrenzten Ressourcen auskommen?	

Tragen Sie in die vorgesehenen Kästchen ein **X** ein, wenn die Frage auf Ihr Vorhaben zutrifft. Je höher die Anzahl zutreffender Antworten, desto mehr spricht für den Projektcharakter des Vorhabens.

Im Umkehrschluss bedeutet das, werden alle Fragen oder der größte Teil der Fragen nicht gekennzeichnet, also mit Nein beantwortet, umso unwahrscheinlicher ist es, dass es sich bei dem untersuchten Vorhaben um ein Projekt handelt.

Management

Der Begriff Management kommt aus dem Englischen und bedeutet übersetzt Leitung, Führung. Das englische Wort selbst ist lateinischen Ursprungs:

manum agere = an der Hand führen

Der Brockhaus bezeichnet Management als „die Führung von Institutionen jeder Art (z. B. Unternehmen, Verbände, Parteien) sowie die Gesamtheit der Personen, die diese Funktion ausübt."

Im Projektmanagement, also der Zusammensetzung beider Begriffe, entspricht das Projekt der Institution, die geführt bzw. geleitet werden soll.

Projektmanagement

DIN 69901

Die Norm DIN 69901 definiert Projektmanagement als die „Gesamtheit von Führungsaufgaben, -organisation, -techniken und -mitteln für die Abwicklung eines Projektes".

Aufgabe des Projektmanagements

Im Rahmen des Projektmanagements müssen alle Elemente, die damit verbundenen Teilaufgaben bzw. Arbeitspakete des Projekts, koordiniert werden. Mit anderen Worten, es geht um:

* Planung
* Steuerung und
* Überwachung von Projekten

Projektmanagement hat die Aufgabe, die mit dem Projekt verbundenen Strukturen und Abläufe erfolgsorientiert zu gestalten und für die Problemlösung zu sorgen.

Schwierig und gleichzeitig auch spannend wird das Projektmanagement durch die Tatsache, dass Projekte ganz unterschiedlich sind:

* Einführung von Balanced Scorecard
* Eröffnung einer Kantine
* Entwickeln eines neuen Marketingkonzepts

- Umstrukturierung der Kostenrechnung
- Outsourcing eines Unternehmensbereichs
- Zusammenführen von Abteilungen

Alle Projekte haben ihren ganz individuellen Charakter: mal wird etwas zusammengelegt, mal kommt etwas Neues und dann wiederum wird etwas gestrichen.

Egal, um welche Art von Projekt es sich handelt: Es geht um mehr als die Anwendung einer Projektmanagement-Software. Diese kann immer nur ein Hilfsmittel zum Erreichen des Projektziels sein. Deshalb sind alle Vorlagen, die wir Ihnen begleitend zu diesem Buch zur Verfügung stellen, als Arbeitshilfe zu verstehen, nicht aber als Patentlösung zum Projektmanagement.

1.2 Zusammenfassung

Projekte sind anders als Routinearbeiten. Kennzeichnend sind folgende Merkmale:

- individueller Charakter
- i. d. R. von zentraler Bedeutung
- i. d. R. mit komplexer Aufgabenstellung verbunden
- bedarf einer besonderen Organisation und Planung
- begrenzt in den Ressourcen

Es gibt keine Rechenvorschrift, mit deren Hilfe Sie ermitteln können, ob ein Projekt vorliegt oder nicht. Zur Klärung dieser Fragestellung können Sie sich u. a. an den Merkmalen, die ein Projekt ausmachen, orientieren. Als Entscheidungshilfe dient die Arbeitshilfe **PM_Checkliste_Projekt.xls**

2 Voraussetzungen für erfolg-reiches Projektmanagement

Dass ein Projekt zum Erfolg wird, ist von vielen Faktoren abhängig. Der Grundstein wird gleich zu Beginn des Projekts gelegt. Eines sei gleich vorweg gesagt: Ohne eine genaue Zieldefinition, sorgfältige Projektanalyse und Planung geht nichts.

In diesem Kapitel werden wir Ihnen die Erfolgsfaktoren kurz vorstellen. Dazu zählen vor allem eine gut durchdachte Planung und eine exakte Zieldefinition, an der Sie den Erfolg messen können. Sie werden feststellen, dass auch in den nachfolgenden Kapiteln einige dieser Aspekte immer wieder detailliert beleuchtet werden.

2.1 Die Erfolgsfaktoren

Die Frage nach den ausschlaggebenden Faktoren für den Erfolg eines Projekts lässt sich oft erst nach Abschluss des Projekts endgültig be-antworten. Aus dem Erfahrungswissen ist jedoch eine Reihe von Faktoren bekannt.

Ob ein Projekt zum Erfolg wird, hängt von unterschiedlichen Aspekten und nicht zuletzt vom Management ab. Zu den wichtigsten Erfolgsfaktoren zählen:

Die wichtigsten Erfolgsfaktoren

- Sorgfältige Projektanalyse
- Zieldefinition
- Detaillierte Projektplanung vom Groben bis ins Detail
- Strukturierter Ablauf: Einteilung des Projekts in Phasen
- Qualifizierter Projektleiter
- Geeignetes Projektteam
- Adäquate Arbeitsmethoden und Techniken
- Gute Kommunikation und Zusammenarbeit im Projektteam

Die Ausgangssituation des Unternehmens und ihr Umfeld muss zunächst sorgfältig analysiert werden. Nur so können Sie beurteilen, ob die Realisierung des Projekts Sinn macht und die angestrebten Ziele realistisch sind.

Mit dem Faktor Ziel sind wir bei einem weiteren wichtigen Erfolgsfaktor angelangt. Dies gilt es, ganz besonders zu beachten. Dabei ist zunächst die Definition vorrangig und im Verlauf des Projekts dürfen Sie es nicht mehr aus den Augen verlieren.

2.2 Das Ziel

Eindeutige Definition des Ziels

Bei vielen Projekten wird oft einfach ohne Ziel darauf losgearbeitet. Wichtig ist jedoch eine einheitliche Wahrnehmung aller Beteiligten. Damit Sie nicht Gefahr laufen, dass jeder das Ziel anders versteht, ist seine eindeutige Definition und anschließend die schriftliche Fixierung ein absolutes Muss.

Das trifft auch auf alle mit dem Projekt verbundenen Aufgaben und Strukturen zu. Sie müssen so genau wie möglich definiert werden. Dadurch weiß jeder, was er wie und wann zu tun hat. Das ist zwar in der Praxis recht aufwendig, zahlt sich am Ende aber aus.

Aber gerade in Sachen Zieldefinition tun sich viele Projektverantwortliche in Unternehmen schwer. In der Praxis werden Ziele oft nicht richtig formuliert, vielmehr gibt man sich mit einer Wegbeschreibung zufrieden.

Phasen der Zieldefinition

Wie das Projekt selbst, kann man auch die Zieldefinition in unterschiedliche Phasen bzw. Schritte gliedern:

1. Zielideen sammeln,
2. Zielbeschreibung entwickeln,
3. Ziele formulieren,
4. Qualität der Ziele abwägen,
5. Ziele messbar machen,
6. Zielkatalog verfassen.

Auf die einzelnen Schritte der Zieldefinition gehen wir noch in einem eigenen Kapitel im Verlauf dieses Buches detailliert ein.

Zielkatalog	
Projekt	
Projektleiter	
Zielbeschreibung	
Termin	
Teilziele Muss-Ziele Soll-Ziele Kann-Ziele	
Rahmenbedingungen Sonstiges	

Ein Zielkatalog hilft bei der schriftlichen Dokumentation von Zielen.

2.3 Informationsmanagement

Kommunikation

Kommunikation liefert Information: Eine weitere Basis eines aussichtsreichen Projekts ist gutes Informationsmanagement. Regelmäßige Projektmeetings und eine umfassende Berichterstattung sorgen dafür, dass alle Beteiligten immer über den aktuellen Stand des Projekts informiert sind. Im Rahmen dieser Treffen wird geklärt, wo man steht, ob man gegebenenfalls Gefahr läuft, vom Kurs abzukommen, oder ob Probleme aufgetreten sind.

Negative Abweichungen früh erkennen

Nur so kann man rechtzeitig gegensteuern, gemeinsam Lösungen finden, Korrekturmaßnahmen einleiten und, falls nötig, die Rahmenbedingungen anpassen. Wichtig für das Gesamtprojekt ist, negative Abweichungen so früh wie möglich zu erkennen: Verzögern sich zum Beispiel einzelne Termine, kann das Einfluss auf sämtliche Ressourcen des Projekts haben.

Um nachfolgende Termine nicht zu gefährden kann zum Beispiel der Einsatz von Fremdpersonal oder das Anordnen von Überstunden notwendig werden. Das geht zu Lasten des Budgets. Die Kosten werden damit dann ebenfalls überschritten.

2.4 Die Planung

Sorgfältige Planung

Eine sorgfältige Planung kommt wie eine detaillierte Zieldefinition in der Praxis im Rahmen von Projektarbeit ebenfalls häufig zu kurz. Während die Verantwortlichen in Unternehmen behaupten, für eine sorgfältige Planung sei keine Zeit, sind zum Ausbügeln von Fehlern immer Freiräume vorhanden: Das ist Sparen am falschen Ende!

Verdeutlichen kann man sich das am Beispiel einer Hühner-Farm: Der Zaun um die Hühner-Farm hat 1.000 Löcher. Der Bauer ist den ganzen Tag damit beschäftigt, die Hühner einzufangen. Wäre für das Projekt Hühner-Farm ein geeigneter Zaun eingeplant worden, müsste der Landwirt nicht mit den ausgerissenen Hühnern täglich seine Zeit verschwenden.

Auch folgende Grundsätze tragen zum Gelingen von Projekten bei:

- Das Ziel darf man während des gesamten Projekts nicht aus den Augen verlieren. Das bedarf einer ständigen Überwachung und Kontrolle in Form von Soll/Ist-Vergleichen.
- Hilfreich ist ein strukturierter Ablauf und die Einteilung des Projekts in Phasen.
- Im Rahmen der Projektsteuerung spielen Teilpläne eine große Rolle. Sie verschaffen Übersicht und unterstützen bei der Kontrolle von Zielen und Ergebnissen.
- Die Aufgabenverteilung erfolgt nach den Fähigkeiten der einzelnen Projektmitgliedern

Die zehn Schritte des Projektmanagements	
Schritt 1:	Ausgangssituation analysieren
Schritt 2:	Projektziele definieren
Schritt 3:	Pro oder Contra: Entscheidungsfindung mit Risikoanalyse
Schritt 4:	Projektleitung und Projektteam festlegen
Schritt 5:	Projektplanung durchführen
Schritt 6:	Arbeitspakete schnüren
Schritt 7:	Projektkosten planen
Schritt 8:	Projekt steuern und dokumentieren
Schritt 9:	Projekt einführen und Abschluss
Schritt 10:	Projektabschluss: Das Projekt nach der Einführung

Wie bereits erwähnt, gehören zum Erreichen des Ziels natürlich auch entsprechende Teilpläne. Hier die wichtigsten im Überblick:

- Der Kostenplan unterstützt in Form von Soll/Ist-Vergleichen der Kosten bei der Einhaltung des Budgets.
- Ein Terminplan sorgt für die Einhaltung der Termine.
- Der Ressourcenplan ordnet den Arbeitspaketen die personellen und materiellen Ressourcen zu.

- Der Strukturplan teilt das Projekt in Teilaufgaben, deren Bausteine die Arbeitspakete sind.
- Der Ablaufplan sorgt für die logische Abfolge.

2.5 Weg damit: Die Störfaktoren

Die häufigsten Störfaktoren

Genau so wie es Faktoren gibt, die ein Projekt positiv beeinflussen, gibt es Störfaktoren, die sich negativ auf ein Projekt auswirken. Die häufigsten Störfaktoren sind:

- Konflikte
- Zieländerungen

Diese Faktoren gilt es auszuschalten. Das ist leichter gesagt als getan. Denn wo gibt es sie nicht, die Verteilungskämpfe, das Machtgerangel, die Eitelkeiten oder die Besserwisserei usw.

Konflikte vermeiden

Konflikte sind im täglichen Miteinander so gut wie unvermeidlich. Dennoch kann man vorbeugen, um Konfliktsituationen zu minimieren:

- In einem Projektmeeting sollten alle Projektmitarbeiter die Möglichkeit haben, sich gegenseitig kennen zu lernen.
- Treffen Sie klare Regelungen, was die Rolle und Aufgaben der einzelnen Projektmitarbeiter betrifft, und fixieren Sie sie schriftlich.
- Insbesondere Hierarchien sind deutlich zu klären.
- Schaffen Sie ein Kommunikationsmittel, mit dem jeder jeden erreichen kann.

2.6 Zusammenfassung

Wichtige Erfolgsfaktoren zum Gelingen von Projekten sind:

- Sorgfältige Projektanalyse und exakte Zieldefinition
- Detaillierte Projektplanung vom Groben ins Detail

- Strukturierter Ablauf: Einteilung des Projekts in Phasen
- Einsatz geeigneter Mitarbeiter
- Zweckmäßige Arbeitsmethoden und Techniken
- Gute Kommunikation und Zusammenarbeit

Eine weitere Basis eines aussichtsreichen Projekts ist gutes Informationsmanagement.

Kommunikation liefert Information.

Im Rahmen der Projektsteuerung spielen Teilpläne eine große Rolle.

Störfaktoren einer guten Projektarbeit sind Zieländerungen und Konflikte. Konflikten kann man durch klare Regelungen vorbeugen.

3 Schritt 1: Analyse der Ausgangssituation

In der Praxis sind sie oft die Stiefkinder der Projektarbeit: Die Analysen der Ausgangssituation. Dabei ist es so wichtig, die Situation, den Ist-Zustand, genau zu kennen. Nur dann ist es möglich, Probleme im Vorfeld zu erfassen und sich gezielt darauf vorzubereiten. Deshalb an dieser Stelle unser Rat: Bevor Sie mit einem Projekt loslegen, müssen Sie sich über Ihre Ausgangssituation detailliert im Klaren sein. Die Frage „Wo stehen wir?" müssen Sie genau und eindeutig beantworten.

Wo stehen wir?

3.1 Wo stehen wir?

Bei der Analyse der Ausgangssituation geht es darum, im Vorfeld Informationen zu sammeln, themenbezogene Fragen zu stellen, Informationen zu strukturieren und zu klassifizieren. Informationsdefizite zu erkennen und festzulegen, wer welche fehlende Information wann beschaffen soll.

Analyse der Ausgangssituation

Darüber hinaus sind u. a. folgende Punkte zu klären:

Das sollten Sie im Vorfeld klären

- Aufgabenstellung
- Chancen des Projekts
- Ist-Situation
- Mögliche Probleme
- Einflussfaktoren
- Randbedingungen
- Vorgaben, wie beispielsweise Gesetze
- Schnittstellen zu anderen Bereichen und Projekten
- Stakeholder

Nur wenn Sie die Ausgangssituation kennen, ist der nächste Schritt, eine Zieldefinition, möglich.

3.2 Die Ausgangssituation

Die Ausgangssituation schriftlich fixieren

Im Rahmen der Projektarbeit sollte bereits die Ausgangssituation schriftlich fixiert werden. Beginnen Sie mit der Formulierung der mit dem Projekt verbundenen Aufgabenstellung, damit klar ist, worum es geht. Dazu ein praktisches Beispiel:

Aufgabe: Einführung eines Travel-Managementsystems.

Schreiben Sie anschließend die Chancen und den Nutzen des Projekts auf:

Projektnutzen: Einführung eines Travel-Managementsystems zur Reduzierung der Dienstreisekosten.

Gehen Sie dann auf die Ist-Situation ein:

Ist-Situation: Aktuell reisen etwa 22 Mitarbeiter rund 250-mal im Jahr. Daraus resultieren Kosten in Höhe von rund 150.000 EUR.

Mögliche Probleme

Potenzielle Probleme durchdenken

Im Rahmen der Ausgangssituation sollten Sie im Vorfeld möglichst alle potenziellen Probleme im Zusammenhang mit dem geplanten Projekt durchdenken. Nur so können Sie verhindern, dass das Projekt zum Scheitern verurteilt ist.

Als Hilfestellung zur Klärung von Problemen dient folgender Fragenkatalog:

- Was kann zum Problem werden?
- Warum kann das Problem auftreten?
- Wo kann das Problem auftreten?
- Wann kann das Problem auftreten?
- In wie vielen Bereichen kann das Problem auftreten?

Einflussfaktoren, Randbedingungen und Schnittstellen

Auch die folgenden Einflussfaktoren auf ein Projekt müssen im Vorfeld analysiert werden:

Wichtige Einflussfaktoren

- Markt
- Absatzwege
- Technologie
- Rechtliche Bedingungen
- Wettbewerb
- Kosten

Rand- und Rahmenbedingungen bestehend durch Gesetze, Vorgaben, Verordnungen, Betriebsvereinbarungen und Verträge müssen im Zusammenhang mit dem Projekt ebenfalls durchdacht werden. Möglicherweise spielen auch technische Grenzen eine Rolle. In zahlreichen Projekten ergeben sich Schnittstellen zu anderen Unternehmensbereichen und Projekten. Würde man gleichzeitig Travel-Management und Reisekostencontrolling einführen, ergäben sich viele Berührungspunkte.

Stakeholder

Der Begriff Stakeholder kommt aus dem Englischen und heißt soviel wie Anspruchsberechtigter, der berechtigte Interessen wahrnimmt. Die Definition nach ISO 10006 lautet wie folgt:

ISO 10006

„Stakeholder eines Projektes sind alle Personen, die ein Interesse am Projekt haben oder vom Projekt in irgendeiner Weise betroffen sind."

Unterschieden werden folgende Gruppen:

- interne Stakehloder
- externe Stakeholder

Interne Stakeholder arbeiten direkt im Projekt mit oder sind direkt vom Projekt betroffen (z. B. Kunden). Nachfolgend eine Liste möglicher interner Stakeholder:

Interne Stakeholder

- Geschäftsführer
- Betriebsrat
- Gremien
- Projektleiter
- Projektmitarbeiter
- Beschäftigte des Unternehmens
- Kunden/Auftraggeber

Externe Stakeholder

Externe Stakeholder sind von den Auswirkungen eines Projekts nur indirekt betroffen (z. B. Betriebsrat). Externe Stakeholder werden häufig durch folgende Gruppen gebildet:

- Lieferanten
- Banken
- Konkurrenz/Wettbewerber
- Aktionäre
- Anwohner
- Kammern/Verbände
- Partnerfirmen
- Kunden
- Medien
- Behörden
- Bürgerinitiativen

3.3 Analyse der Ausgangssituation

PM_Situations-
analyse.xls

Die Arbeitshilfe **PM_Situationsanalyse.xls** unterstützt Sie mit folgenden Tabellenarbeitsblättern bei der Analyse der Ausgangssituation:

- Fakten (Aufgabenstellung, Chancen, Ist-Situation)
- Einflussfaktoren
- Schnittstellen_Abt
- Schnittstellen_Proj

- Stakeholder_Int
- Stakeholder_Ext

Ausgangssituation
Aufgabenstellung
Chancen
Kurze Darstellung der Ist-Situation

Mit diesem Formular gewinnen Sie einen Überblick über die Ausgangssituation

Die Tabelle Einflussfaktoren

Auf Ihr Projekt können viele Faktoren Einfluss haben, sei es, weil Sie rechtliche Rahmenbedingungen beachten müssten, sei es, weil Sie von einer bestimmten Technologie abhängig sind. Um hier einen Überblick zu erhalten, können Sie mit der Tabelle „Einflussfaktoren" arbeiten. Sie gliedert sich in die Bereiche: Probleme, Markt und Wettbewerb, Technologie, rechtliche Rahmenbedingungen und Kostenrahmen.

Besprechen Sie eventuelle Einschränkungen oder Probleme im Vorfeld mit Ihrem Team!

Einflussfaktoren

Projektbezeichnung:	
Probleme Was kann zum Problem werden? Warum kann das Problem auftreten? Wo kann das Problem auftreten? Wann kann das Problem auftreten? In wie vielen Bereichen kann das Problem auftreten? Wer ist vom Problem betroffen?	
Markt und Wettbewerb Hat der Markt Einfluss auf das Projekt? Wenn ja, welche? Sind die Absatzwege durch das Projekt betroffen? Wenn ja, wie? Welche Zusammenhänge gibt es zu Projekt und Wettbewerb?	
Technologie Spielt die Technologie eine Rolle für das Projekt? Wenn ja, welche?	
Rechtliche Rahmenbedingungen Welche Gesetze beeinflussen das Projekt? Welche Verordnungen beeinflussen das Projekt? Weche Betriebsvereinbarungen beeinflussen das Projekt? Welche Verträge beeinflussen das Projekt?	
Kostenrahmen Wie hoch sind die geschätzten Kosten im Vergleich zum Budget?	Kosten: Budget:

Mit diesem Tool können Sie sich ein Bild über die unterschiedlichen Einflüsse auf Ihr Projekt machen.

Tabellen zur Erfassung von Schnittstellen

Schnittstellen werden in den Tabellen **Schnittstellen_Abt** und **Schnittstellen_Proj** erfasst. Um Schnittstellen zu weiteren Projekten des Unternehmens zu erfassen, verwenden Sie die Tabelle **Schnittstellen_Proj**. Schnittstellen zu Abteilungen bzw. Unternehmensbereichen halten Sie in der Tabelle **Schnittstellen_Abt**. fest.

Erfassen von Schnittstellen

Wirkung	Projekt Travel-management	Projekt A	Projekt B	Projekt C
Projekt Travel-management	X			
Projekt A		X		
Projekt B			X	
Projekt C				X

Die Schnittstellenmatrix

Tragen Sie in diese Tabelle ein, welche Berührungspunkte Ihr Projekt mit anderen Projekten hat. Das können Abhängigkeiten sein, ähnliche Aufgaben und vieles mehr.

Die Tabelle Stakeholder_Int

Mit Hilfe der Tabelle **Stakeholder_Int** definieren Sie die einzelnen Stakeholder, ihre Erwartungen, Einstellungen und ihren Einfluss auf das Projekt. Die Tabelle **Stakeholder_Ext** ist analog zur Tabelle **Stakeholder_Int** aufgebaut.

Erwartungen der Stakeholder

In die ersten beiden Spalten der Tabelle tragen Sie die Stakeholder und ihre Erwartungen ein. Die Einstellung zum Projekt und den Einfluss der Person oder Gruppe bestimmen Sie über Dropdown-Felder, die Sie in den entsprechenden Zellen vorfinden.

Einstellung der Stakeholder

Für die Einstellungen zum Projekt stehen folgende Auswahlmöglichkeiten zur Verfügung:

- positiv
- neutral
- negativ

Einfluss der Stakeholder

Geben Sie mit Hilfe der Auswahlliste die Einstellung der einzelnen Stakeholder zum Projekt ein. Für den Einfluss der Stakeholder stehen folgende Auswahlmöglichkeiten zur Verfügung:

- gering
- mittel
- hoch

Stakehoderanalyse - interne Stakeholder

Stakeholder	Erwartungen	Einstellung	Einfluss
Abteilungsleiter Fertigung	Termintreue, Prestigeprojekt!	positiv	mittel

Zu internen Stakeholdern zählen zum Beispiel Vorgesetzte, auch aus anderen, vom Projekt betroffenen Abteilungen.

3.4 Excel-Know-how

In der Schnittstellenmatrix wurde mit einer Übernahmeformel sowie einigen besonderen Formatierungen gearbeitet.

Die Formel

Die Übernahmeformel wird aktiv, wenn Sie eine Projektbezeichnung in Zelle **B2** eingeben.

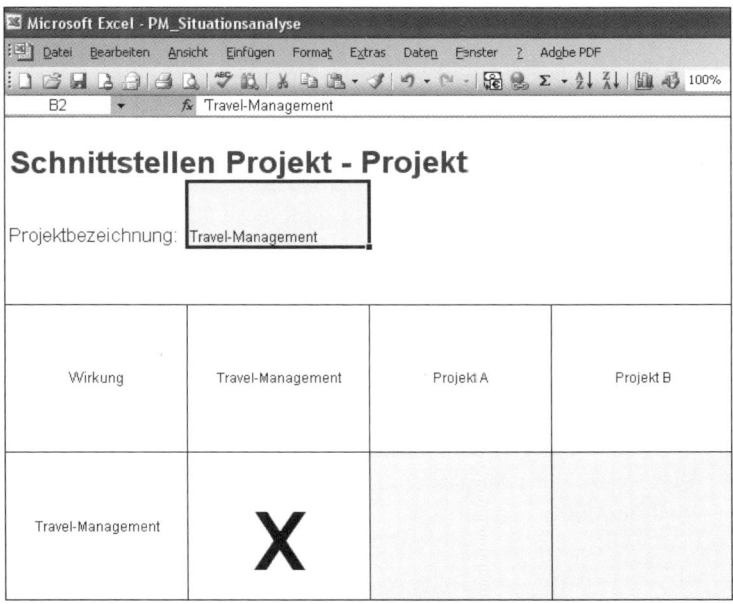

Die Eingabe wird in die Schnittstellenmatrix übernommen.

Das Layout

In der Schnittstellenmatrix gibt es zwei Besonderheiten im Hinblick auf das Layout. Alle Eingaben werden sowohl horizontal als auch vertikal zentriert. Der hellgraue Zellhintergrund erscheint nicht auf dem Papier.

Das Layout der Schnittstellen-matrix

Um Eingaben sowohl horizontal als auch vertikal zu zentrieren, müssen Sie die Zellen entsprechend formatieren. Gehen Sie dazu wie folgt vor:

Eingaben zentrieren

1. Markieren Sie den Zellbereich, den Sie formatieren möchten, und wählen Sie **Format → Zellen**. Sie gelangen in den Dialog **Zellen formatieren**.

31

2. Wechseln Sie auf die Registerkarte **Ausrichtung**.
3. Stellen Sie in den beiden Listenfeldern **Horizontal** und **Vertikal** im Bereich **Textausrichtung** jeweils den Eintrag **Zentriert** ein.
4. Bestätigen Sie Ihre Einstellungen mit einem Klick auf die Schaltfläche **OK**.

Nicht druckbaren Zellhintergrund einrichten

Die Eingabezellen der Schnittstellen sind hellgrau hinterlegt, um diese besser zu kennzeichnen. Dazu wird mit einem Zellhintergrund gearbeitet, der beim Ausdruck nicht erscheint.

1. Markieren Sie die Eingabezellen. Mehrfachmarkierungen nehmen Sie vor, indem Sie beim Markieren die **Strg**-Taste gedrückt halten.
2. Wählen Sie **Format → Zellen**. Aktivieren Sie die Registerkarte **Muster**.
3. Unter dem Eintrag **Zeichenschattierung** finden Sie eine zweigeteilte Farbpalette. Wenn Sie die Farben unterhalb des waagerechten Strichs verwenden, werden diese in Kombination mit dem noch zu definierenden Schwarz-Weiß-Druck nicht mitgedruckt.
4. Wählen Sie die gewünschte Farbe aus und verlassen Sie den Dialog über **OK**.

Tipp:

Passt keine der Farben der Farbpalette optisch zu Ihrem Tabellenlayout, lässt sich das schnell ändern. Wählen Sie **Extras → Optionen → Farbe**. Hier hat die Farbpalette die Bezeichnung **Standardfarben**. Klicken Sie eine der Farben unterhalb des Strichs an und anschließend auf die Schaltfläche **Ändern**. Excel ruft das Dialogfeld **Farben** auf. Dort wählen Sie aus der Farbskala die gewünschte Farbe aus und bestätigen diese. Die ursprüngliche Farbe aus der Farbpalette wird durch die von Ihnen definierte Farbe ersetzt. Sie steht ab sofort auf der Registerkarte **Muster** der Dialogbox **Zellen formatieren** (Zellen) zur Verfügung.

Schwarz-Weiß-Druck einstellen

Mit den nächsten Schritten müssen Sie noch den Schwarz-Weiß-Druck einstellen, damit die ausgewählte Farbe nicht mitgedruckt wird. Gehen Sie dazu wie folgt vor:

1. Über die Befehlsfolge **Datei → Seite einrichten** gelangen Sie in das gleichnamige Dialogfeld. Wechseln Sie auf die Registerkarte **Tabelle**.
2. Aktivieren Sie im Bereich **Drucken** das Kontrollkästchen **Schwarz-Weiß-Druck** und bestätigen Sie die Einstellung durch einen Klick auf **OK**.

3.5 Zusammenfassung

Die Situationsanalyse ist der Ausgangpunkt der Projektarbeit. In diesem Zusammenhang gilt es, folgende Aspekte zu klären:

* Aufgabenstellung
* Chancen
* Ist-Situation
* Probleme
* Einflussfaktoren und Rahmenbedingungen
* Schnittstellen
* Stakeholder

Nur wenn Sie die Ausgangssituation kennen, ist der nächste Schritt, eine Zieldefinition, möglich.

Um Zellinhalte in die Mitte einer Zelle zu rücken, benötigen Sie das Register Ausrichtung im Fenster Zellen formatieren. Stellen Sie in den beiden Listenfeldern Horizontal und Vertikal im Bereich Textausrichtung jeweils den Eintrag Zentriert ein.

Um einen nicht druckbaren Zellhintergrund zu erhalten, verwenden Sie das Register Muster aus dem Dialogfeld Zellen formatieren gemeinsam mit der Funktion Schwarz-Weiß-Druck aus dem Dialog Seite einrichten.

4 Schritt 2: Projektziele definieren

Wohin soll die Reise führen? Damit Sie wissen, wohin es gehen soll, müssen Sie ein Ziel vor Augen haben. Ohne Ziel ist man orientierungslos. Man weiß nicht, ob man den richtigen Ort zur richtigen Zeit erreicht hat.

Das gilt ganz besonders auch für die Projektarbeit. Ein schriftlich dokumentiertes, klares Projektziel ist Voraussetzung für das Gelingen des Projekts. Nur wer das Ziel kennt, kann planen, wie er es erreicht! Wenn Sie dieses Kapitel und die Arbeitshilfe fertig bearbeitet haben, werden Sie mit Sicherheit in der Lage sein, eigene Ziele zu definieren und zu verfolgen.

4.1 Ziele setzen

Im Rahmen einer Zieldefinition geht es nicht um Visionen, Wünsche oder Absichten, sondern um klare Vorstellungen. Das wirft folgende Frage auf: Wie muss ein Ziel aussehen?

> **Wie muss ein Ziel aussehen?**

Beispiel aus dem Alltag:
Ein Übergewichtiger hat den Wunsch, schlank zu sein.
Das Ziel lautet: Innerhalb von 6 Monaten specke ich 10 kg ab.

Beispiel aus der Unternehmenspraxis:
Der Geschäftsführer hat die Version, dass die Mitarbeiter des Unternehmens mit Ihrem Arbeitsplatz und den Arbeitsbedingungen zufrieden sind.
Das Ziel lautet: Bei der Mitarbeiterbefragung im kommenden Jahr sind 95 % der Beschäftigten zufrieden.

Beiden Beispielen ist gemeinsam:

Nachprüfbarkeit   Die Ziele sind nachprüfbar bzw. messbar. Das Gewicht kann mit einer Waage festgestellt, die Mitarbeiterzufriedenheit durch schriftliche Befragung der Mitarbeiter ausgewertet werden.

Realisierbarkeit   Die Nachprüfbarkeit ist ein wichtiges Kriterium, das ein Ziel erfüllen sollte. Darüber hinaus sollte ein Ziel erreichbar, also realistisch sein. Wichtig außerdem: Das Ziel muss eindeutig formuliert werden.

Tipp:

Ihr Ziel dürfen Sie während des gesamten Projekts nicht aus den Augen verlieren. Das bedarf einer ständigen Überwachung und Kontrolle in Form von Soll/Ist-Vergleichen.

4.2   Schritt für Schritt zur Zieldefinition

Wie auch bei der eigentlichen Durchführung eines Projekts selbst, empfiehlt es sich auch im Rahmen der Zieldefinition, Schritt für Schritt vorzugehen:

Schritt 1: Zielideen sammeln   Beginnen Sie zunächst damit, alle Ziele zu sammeln. Bewerten Sie die Zielideen zunächst noch nicht. Gehen Sie ganz unbefangen, wie beim Brainstorming, mit den Ideen um, auch wenn die Idee zunächst noch so märchenhaft klingt, schreiben Sie diese auf.

Schritt 2: Zielbeschreibung entwickeln   Ordnen Sie die Ziele anschließend in folgende drei Gruppen ein:

- Qualitätsziele
- Kostenziele
- Terminziele

Schritt 3: Ziele präzisieren   Machen Sie für jedes Ziel eine Aussage zum Zeitrahmen und zur Nachprüfbarkeit im Hinblick auf die Erreichung dieses Ziels.

Nachdem die Ziele präzisiert wurden, können Sie die Qualität der Ziele abwägen:

- Schließen sich genannte Ziele gegenseitig aus?
- Gibt es Synergieeffekte?
- Werden Zielkonflikte auftreten?

Untergliedern Sie Ihre Ziele in folgende Kategorien:

- Muss-Ziele
- Soll-Ziele
- Kann-Ziele

Beurteilen Sie auch die Erreichbarkeit eines Ziels:

- Realistisch
- Unrealistisch

Entscheiden Sie abschließend, ob Sie das Ziel im Zielkatalog lassen wollen oder nicht.

Die im Zielkatalog verbleibenden Ziele müssen messbar sein. Legen Sie Kriterien fest, mit deren Hilfe Sie das Ziel messen können. Potenzielle Messgrößen:

- Geldbeträge bei Gewinn- oder Kostenzielen
- Zeitpunkte bei Terminzielen
- Befragungen, Auswertungen bei Qualitätszielen

Last but not least: Formulieren Sie das Ziel klar und unmissverständlich, damit jeder weiß, wo es hinführen soll.

4.3 Die Arbeitshilfe zur Zieldefinition

Siehe CD-ROM

Die Arbeitshilfe **PM_Zieldefinition.xls** soll Sie bei der Definition Ihrer Ziele in einem Zielkatalog unterstützen.

Die Tabellenarbeitsblätter

Die Arbeitshilfe basiert im Wesentlichen auf zwei Tabellenarbeitsblättern:

- Zieldefinition
- Zielkatalog

Die Tabelle Zieldefinition

Ausgangspunkt ist die Tabelle Zieldefinition. Sie orientiert sich an den zuvor vorgestellten Arbeitsschritten zur Zieldefinition.

Zieldefinition			
Projektbezeichnung:			
Zielesammlung ▾	**Ziele strukturieren** ▾	**Zeitrahmen** ▾	**Messbarkeit** ▾

Ausschnitt aus der Tabelle „Zieldefinition"

Die Tabelle bietet Ihnen die Möglichkeit, Ihre Ziele in folgenden Tabellenspalten zu definieren, zu strukturieren und zu überprüfen:

- Zielesammlung
- Ziele strukturieren

- Zeitrahmen
- Messbarkeit
- Qualitätsbeurteilung
- Zielerfüllung
- Zielkategorie
- Im Zielkatalog lassen
- Maßstab

Für den praktischen Einsatz sind viele Eingabehilfen für eine bessere und verständlichere Bearbeitung in der Tabelle vorgesehen.

Um mit der Arbeitshilfe zu arbeiten, führen Sie folgende Schritte durch:

1. Öffnen Sie die Excel-Datei Musterlösung und wechseln Sie auf die Tabelle **Zieldefinition**.
2. Tragen Sie zunächst in die Spalte **Zielesammlung** alle Ziele ein, die Sie im Rahmen eines Brainstormings gesammelt haben.
3. Im zweiten Schritt strukturieren Sie die Ziele mit Hilfe der Auswahlliste der Spalte **Ziele strukturieren**.

Haben Sie alle Ziele wie vorgesehen strukturiert, starten Sie mit der Zeitplanung. Dafür ist die Spalte **Zeitrahmen** vorgesehen. Bearbeiten Sie diese wie folgt:

1. Tragen Sie den vorgesehenen Zeitrahmen zur Erreichung des Ziels ein.
2. In der folgenden Spalte **Messbarkeit** geben Sie an, ob das Ziel Ihrer Meinung nach nachprüfbar ist oder nicht. Dazu stehen die Antworten **ja** und **nein** zur Verfügung.
3. Anschließend beurteilen Sie die Qualität des Ziels nach den in der Auswahlliste vorgegebenen Kriterien.
4. In der Spalte **Zielerfüllung** haben Sie die Möglichkeit zu entscheiden, ob Sie die Erreichung des Ziels für **realistisch** oder **unrealistisch** halten.
5. Anschließend unterteilen Sie die Ziele in die Kategorien **Muss-**, **Kann-** und **Soll-Ziele**. Wenn Sie das Ziel keiner dieser Gruppen zuordnen können, klicken Sie den Leereintrag an.

6. Nachdem Sie jedes Ziel damit weitgehend analysiert haben, können Sie in der Spalte **Im Zielkatalog lassen** nochmals entscheiden, ob Sie das Ziel verwerfen oder es weiterhin im Zielkatalog belassen möchten.

7. Ist die Entscheidung gefallen, welche Ziele Sie weiter verfolgen möchten, können Sie die **Ja**-Ziele filtern. In der Überschriftenzeile erkennen Sie kleine Pfeile in der rechten unteren Ecke der Zellen. Klicken Sie auf den Pfeil der Spalte **Im Zielkatalog lassen** und entscheiden Sie sich in der folgenden Liste für den Eintrag **ja**.

8. Tragen Sie abschließend die Messgrößen für die verbleibenden Ziele in die Spalte **Maßstab** ein.

Wie das im Beispielprojekt Travelmanagement aussehen könnte, zeigt die folgende Abbildung:

Zieldefinition

Projektbezeichnung: Einführung Travel-Management

Zielesammlung	Ziele strukturieren	Zeitrahmen	Messbarkeit	Qualitätsbeurteilung
Kosten bei Dienstreisen senken	Kostenziel	bis zum 31.12.07	ja	Synergieeffekt
Reisekostencontrolling einführen	Terminziel	bis zum 31.5.08	ja	Zielkonflikt
Fuhrparkausnutzung optimieren	Qualitätsziel	bis zum 30.6.08	ja	Synergieeffekt
Reisekostenabrechnung vereinfachen	Qualitätsziel	bis zum 31.12.07	ja	Zielkonflikt

Beispiel: Ausschnitt der Zieldefinition für das Projekt „Travelmanagement"

Hierzu folgende Anmerkungen: Das Ziel „Kosten bei Dienstreisen senken" kann eindeutig der Gruppe Kostenziele zugeordnet werden. Das Ziel ist messbar, da die Kosten für Dienstreisen vor und nach der Einführung verglichen werden können. Zusammen mit dem Ziel „Fuhrparkausnutzung optimieren" ergibt sich ein Synergieeffekt. Die Zielerfüllung beider Ziele wird als realistisch eingeschätzt.

Das Ziel „Reisekostencontrolling einführen" steht in Konflikt mit dem Ziel „Reisekostenabrechnung vereinfachen", da die Auswertungen des Controllings unter Umständen zusätzliche Angaben zwecks Auswertung verlangen.

Außerdem steigen durch die Einführung eines Reisekostencontrollings die Kosten im Zusammenhang mit der Thematik Reisen.

Das Ziel „Reisekostenabrechnung vereinfachen" wird als unrealistisch bewertet, da steuerrechtliche Vorschriften diesem Ziel entgegenstehen.

Die Tabelle Zielkatalog

Die Tabelle **Zieldefinition** bildet die Arbeitsgrundlage für die Tabelle **Zielkatalog**. Der Zielkatalog ist das eigentliche Formular zur Zielerklärung. Dort werden folgende Angaben verlangt:

- Projektbezeichnung
- Projektleiter
- Zielbeschreibung
- Termin
- Teilziele untergliedert in Muss-, Soll- und Kann-Ziele mit zugehöriger Messgröße
- Rahmenbedingungen
- Sonstiges

Zielkatalog	
Projekt	**Einführung Travelmanagement**
Projektleiter	N.N.
Zielbeschreibung	Einführung eines EDV-gestützten Reiseabwicklungsprogramms
Termin	31.12.2008
Teilziele Muss-Ziele Soll-Ziel Kann-Ziele	 Senkung der Reisekosten Fuhrpark optimieren Reisekostencontrolling ...
Rahmenbedingungen Sonstiges	Budget: 25.000 Euro

Die Tabelle Zielkatalog

So passen Sie den Zielkatalog Ihren Bedürfnissen an

Je nach Umfang des Projekts und der damit verbundenen Teilziele müssen Sie das Formular **Zielkatalog** unter Umständen erweitern. Dazu reicht es in der Regel aus, die Tabelle um einzelne Zeilen zu ergänzen.

Da die Zeilen- und Spaltenköpfe in der Arbeitshilfe ausgeblendet wurden, legen Sie neue Zeilen am schnellsten über die Befehlsfolge **Einfügen → Zeilen** an.

4.4 Excel-Know-how

Möchten Sie in einer Excel-Arbeitsmappe eigene Dropdown-Felder oder Auswahlkriterien definieren, arbeiten Sie mit den Funktionen **Gültigkeit** bzw. **Filter**.

Mit Hilfe der Funktion **Daten → Gültigkeit**, ist es möglich, Auswahlmöglichkeiten in Zellen zu schaffen. Fügen Sie die Funktion wie folgt in eine Tabelle ein:

Die Funktion Gültigkeit

1. Erfassen Sie zunächst die Daten in einer Tabelle, die Sie mit der Funktion **Gültigkeit** in einer Liste auswählen lassen möchten.
2. Wählen Sie anschließend **Daten → Gültigkeit** und wechseln Sie auf die Registerkarte **Einstellungen**.
3. Wählen Sie unter **Zulassen** den Eintrag **Liste** aus und geben Sie unter **Quelle** den Bereich an, in dem sich die Eingabekriterien befinden. Verlassen Sie danach den Dialog über die Schaltfläche **OK**.

Zum Selektieren von Daten gibt es unterschiedliche Verfahren. Der **Autofilter**, den Excel zur Verfügung stellt, ist für diese Aufgabe sehr geeignet. Mit den folgenden Schritten setzen Sie den Autofilter in einer Tabelle ein:

Der Autofilter

1. Stellen Sie die Eingabemarkierung in die Datenliste und wählen Sie die Menübefehle **Daten → Filter → AutoFilter**. Dadurch erhält der Eintrag **AutoFilter** ein Häkchen im Menü.
2. In der Überschriftenleiste erscheinen hinter den Feldnamen so genannte Pulldown-Pfeile. Diese können Sie verwenden, um einzelne Daten zu selektieren.
3. Wenn Sie zu einem späteren Zeitpunkt den Filter nicht mehr benötigen, wählen Sie erneut **Daten → Filter → AutoFilter**.

4.5 Zusammenfassung

Ziele müssen folgende Kriterien erfüllen:

- nachprüfbar
- erreichbar
- klar formuliert

Über folgende Zwischenschritte gelangen Sie zur Zieldefinition

- Schritt 1: Zielideen sammeln
- Schritt 2: Zielbeschreibung entwickeln
- Schritt 3: Ziele präzisieren
- Schritt 4: Qualität der Ziele abwägen
- Schritt 5: Ziele messbar machen
- Schritt 6: Zielkatalog formulieren

Bei den einzelnen Schritten der Zieldefinition unterstützt Sie die Musterlösung **PM_Zieldefinition.xls.**

Mit Hilfe der Funktion **Daten → Gültigkeit** ist es möglich, Auswahlmöglichkeiten in Zellen zu schaffen.

Über die Funktion **Daten → Filter → AutoFilter** haben Sie die Möglichkeit, Daten zu selektieren.

5 Schritt 3: Entscheidungsfindung mit Risikoanalyse

Die Ausgangssituation wurde hinreichend analysiert und die Projektziele sind definiert. Jetzt geht es darum, die entscheidende Frage zu beantworten: „Packen wir das Projekt an oder nicht?"

Packen wir das Projekt an oder nicht?

Die Entscheidung zu Gunsten eines Projekts sollte nur dann gefällt werden, wenn das Projekt eine reelle Chance hat und die mit dem Projekt verbundenen Risiken sowie Kosten sich in einem überschaubaren Rahmen bewegen, sowie personelle und materielle Ressourcen in ausreichendem Maße zur Verfügung stehen.

Wie Sie diese Faktoren kritisch analysieren und für eine Entscheidungsfindung abschließend bewerten, erfahren Sie in diesem Kapitel.

5.1 Packen wir es an?

Bevor die Entscheidung für oder gegen ein Projekt fällt, sind einige Vorleistungen zu erbringen. Die Analyse der Ausgangssituation verschafft einen Überblick darüber, wo Sie stehen. Die Zieldefinition sagt klar aus, wohin es gehen soll. Zumindest sollte das so sein. Als Nächstes geht es darum, im Rahmen einer Risikoanalyse zu klären, ob das Projekt wie geplant durchgezogen wird.

Risikoanalyse

Bei der Entscheidung für oder gegen ein Projekt geht es um quantifizierbare und nicht quantifizierbare Faktoren, die bewertet werden sollen.

Im Rahmen der quantifizierbaren Faktoren spielen in erster Linie Kostenüberlegungen eine große Rolle. Können die Projektdaten exakt quantifiziert werden, kann unter Umständen eine Wirtschaftlichkeitsrechnung eine wichtige Entscheidungshilfe sein.

Quantifizierbare Faktoren

Welche nicht quantifizierbaren Faktoren ins Kalkül gezogen werden müssen, hängt stark von der Art des Projekts ab. Diese sind von Fall zu Fall und von Unternehmen zu Unternehmen unterschiedlich.

Nicht quantifizierbare Faktoren

5.2 Die Risikoanalyse

Die drei Eck-
punkte eines
Projekts

Jedes Projekt hat drei Eckpunkte, die es einzuhalten bzw. zu erfüllen gilt:

- Termine
- Budget
- Leistung

Das magische
Dreieck

In der Literatur spricht man in diesem Zusammenhang vom so genannten magischen Dreieck. Diese drei Eckpunkte gilt es zu erfüllen. Doch das ist oft gar nicht so einfach. Im Grunde steht hinter dem magischen Dreieck folgende Forderung: Pünktlich und in der vereinbarten Qualität zum Ziel zu kommen und dabei das Projektergebnis zu erreichen, ohne den Budgetrahmen zu überschreiten.

Doch genau da liegt die Schwierigkeit: Meist liegt das Projekt zwar im Budget und liefert zudem ein gutes Ergebnis, leider müssen aber erhebliche Verzögerungen in Kauf genommen werden. Ein anderes Mal werden weder Kosten noch Termine überschritten, dafür kann aber kein fehlerfreies Ergebnis präsentiert werden. Beim nächsten Projekt stimmen Qualität und Zeitrahmen, allerdings wurde das Budget gesprengt.

Haupt-
hindernisse

Mit anderen Worten: Es ist gar nicht so einfach, die drei Eckpunkte, um die sich ein Projekt bewegt, zu erfüllen. Die Haupthindernisse stellen sich wie folgt dar:

- Das **Terminrisiko** beinhaltet die Gefahr, dass zu einem verbindlich festgelegten Termin das vereinbarte Ergebnis nicht erbracht werden kann. Häufig handelt es sich dabei um den Endtermin des Projekts sowie das vereinbarte Projektergebnis. Darüber hinaus treten auch im Projektablauf zeitliche Verzögerungen bei Teilprojekten auf. Ein häufiger Grund von Verzögerungen ist der Ausfall von personellen oder materiellen Ressourcen.
- Das **Budgetrisiko** birgt die Gefahr, dass das Budget gesprengt wird. Die Kosten laufen aus dem Ruder. In vielen Fällen ziehen Verzögerungen von Terminen eine Überschreitung des Budgets

nach sich. Damit Termine eingehalten werden können, wird Hilfe von außen benötigt. Und das wiederum erhöht die Kosten.

- Beim **Leistungsrisiko** geht es um die Qualität der Projektergebnisse. Stehen die Projektmitarbeiter unter Zeitdruck, leidet oft die Qualität. Auch Einsparungen unter Budgetgesichtspunkten können einen negativen Einfluss auf die Leistung haben.

Im Rahmen einer Risikoanalyse geht es letztendlich darum, abzuklären, wie hoch die Risiken für das Projekt sind. Dann muss eine Entscheidung gefällt werden. Soll das Projekt trotz der bestehenden Risiken angegangen werden oder nicht?

Zur Entscheidungsfindung ist die Beantwortung folgender Fragen hilfreich:

- Sind die möglichen Risiken des Projekts bekannt?
- Sind die potenziellen Risiken überschaubar?
- Sind die angestrebten Ziele erreichbar?
- Sind die gesetzten Termine realistisch?
- Kann die geforderte Qualität erreicht werden?
- Reicht das vorhandene Budget aus, um das Projekt in der gewünschten Zeit und Qualität durchzuziehen?
- Werden wir die bekannten mit dem Projekt verbundenen Probleme in den Griff bekommen?
- Stehen qualifizierte Projektmitarbeiter zur Verfügung?
- Gibt es Konflikte in Bezug auf weitere Projekte?

5.3 Exkurs: Verfahren der Wirtschaftlichkeitsrechnung

Bei vielen Projekten handelt es sich um die Einführung eines neuen Wirtschaftsgutes. Beispiel: Einführung einer Travel-Management-Software.

Ob sich eine Investition und damit das Projekt lohnt oder nicht, kann man häufig auf den ersten Blick nicht erkennen. Deshalb empfiehlt es sich, Investitionsvorhaben sorgfältig unter Einsatz geeigneter Rechenverfahren, einer so genannten Investitionsrechnung, zu analysieren. Diese Rechenmodelle unterstützen Sie bei der Entscheidungsfindung für oder gegen die Anschaffung eines Wirtschaftsgutes, sind aber nicht die alleinige Entscheidungsgrundlage.

Die Investitionsrechnung

Entscheidungen für oder gegen eine Investition gehören zu den wichtigsten Maßnahmen, die in einem Unternehmen getroffen werden müssen. Durch Investitionen werden einerseits erhebliche finanzielle Mittel auf lange Sicht gebunden und andererseits sind sie ein wichtiger Faktor für die Wertsteigerung von Unternehmen. Die Entscheidung für oder gegen ein Projekt bedarf deshalb einer sorgfältigen Vorbereitung.

Eine Investitionsrechnung ist ein Verfahren, mit dessen Hilfe die Vorteilhaftigkeit einer Investitionsmaßnahme überprüft werden soll. Dabei existieren in Theorie und Praxis unterschiedliche Methoden im Hinblick auf die Rechenmöglichkeiten. In erster Linie wird zwischen statischen und dynamischen Verfahren differenziert.

Statische Modelle

Bei den statischen Modellen handelt es sich um einfache Vergleichsverfahren, die zeitliche Unterschiede bei Einnahmen und Ausgaben entweder gar nicht oder nicht exakt berücksichtigen. Die Betrachtungen gehen nur über eine Periode.

Dabei wird unterstellt, dass dieser Zeitraum für die gesamte Investitionsdauer repräsentativ ist. Außerdem werden lediglich durchschnittliche Investitionskosten und -erträge pro Periode in der Rechnung berücksichtigt. Das trifft auch auf die Anschaffungsausgaben zu. Bei den statischen Verfahren differenziert man wie folgt:

Die statischen
Verfahren im
Überblick

- Kostenvergleichsrechnung
- Gewinnvergleichsrechnung
- Rentabilitätsrechnung
- Amortisationsrechnung

Die statischen Verfahren bauen teilweise aufeinander auf. In der Praxis werden die Verfahren häufig miteinander kombiniert.

Die Kostenvergleichsrechnung empfiehlt, von zwei oder mehr sich ausschließenden alternativen Investitionsprojekten das Projekt mit den geringsten Kosten zu wählen. Sie ist ein simples Verfahren, um die Vorteilhaftigkeit von Investitionsmaßnahmen zu beurteilen.

Kostenvergleichsrechnung

Bei der Gewinnvergleichsrechnung wird der Saldo aus durchschnittlichen Kosten und Erlösen gebildet und als Entscheidungskriterium herangezogen.

Gewinnvergleichsrechnung

Da Kosten- und Gewinnvergleichsrechnung keine Differenzinvestitionen berücksichtigen, ist es in der Praxis häufig zweckmäßig, die Rechnungen durch eine **Rentabilitätsrechnung** zu ergänzen. Insbesondere dann, wenn der Gewinn der Handlungsalternativen mit unterschiedlichem Kapitaleinsatz erwirtschaftet wird, ist eine Rentabilitätsrechnung unerlässlich. Die Rentabilität errechnet sich dabei aus der durchschnittlichen Kostenersparnis und dem Kapitaleinsatz. Die Formel lautet:

Rentabilitätsrechnung

Rentabilität = Durchschnittlicher Gewinn – durchschnittliche Kostenersparnis pro Periode x 100 / durchschnittlicher Kapitaleinsatz

Im Rahmen der Amortisationsrechnung wird die Zeitdauer ermittelt, die verstreicht, bis die Anschaffungsausgabe durch die Einnahmeüberschüsse zurück erwirtschaftet wird. Die Amortisationsrechnung kann sowohl für statische als auch dynamische Verfahren durchgeführt werden.

Amortisationsrechnung

Dynamische Modelle

Im Gegensatz zu den statischen Verfahren berücksichtigen dynamische Modelle den zeitlichen Ablauf der Investitionsvorgänge. Zeitliche Unterschiede bei Einnahmen und Ausgaben fließen ebenso wie Zinseszinseffekte in das Ergebnis der Investitionsrechnung ein.

Anstatt mit Durchschnittszahlen wird mit exakten Werten gerechnet. Die Anschaffungsausgaben werden zu Beginn der Investitionsperiode voll in die Betrachtungen einbezogen.

Die bekanntesten dynamischen Verfahren sind:

Die dynami-
schen Modelle
im Überblick

- Kapitalwertmethode
- Annuitätenmethode
- Interne Zinsfußmethode

Die Kapital-
wertmethode

Bei der Kapitalwertmethode werden die jährlichen Einnahmeüberschüsse bzw. die Unterdeckungen unter Berücksichtigung des Zeitfaktors ermittelt.

Die Annuitä-
tenmethode

Die Annuitätenmethode ist im Prinzip eine Variante der Kapitalwertmethode, bei der der Kapitalwert in gleich große jährliche Zahlungen umgerechnet wird.

Die interne
Zinsfußmethode

Auch die interne Zinsfußmethode basiert auf der Kapitalwertmethode. Sie errechnet den Zinsfuß, der sich bei einem Kapitalwert von Null ergibt.

5.4 Die Arbeitshilfen zum Kapitel

Siehe CD-ROM

Begleitend zu diesem Kapitel finden Sie auf der CD-ROM zum Buch folgende Excel-Tools:

- PM_Risikencheckliste.xls
- PM_Investitionsrechnung.xls

Die Risikencheckliste zur Vermeidung unnötiger Risiken

Siehe CD-ROM

Die Arbeitshilfe **Risikencheckliste.xls** enthält einen Fragenkatalog zu den Risiken des Projekts. Sie beantworten dabei jede Frage mit Hilfe der in einer Auswahlliste vorgegebenen Antworten ja oder nein.

Es gibt keine allgemein gültige Aussage, nach der das Projekt abgelehnt oder durchgeführt werden sollte. Wird der überwiegende Teil der Fragen mit nein beantwortet, ist der Erfolg des Projekts zumindest sehr bedenklich. Aber selbst wenn Sie sämtliche Fragen mit **ja** beantworten können, ist das keine Garantie für das Gelingen des Projekts. Es bleibt bei allen Projekten stets ein Restrisiko, mit dem Sie leben müssen.

Tipp:

Es ist sinnvoll, dass mehrere Projektbeteiligte die Fragen beantworten. Möglicherweise zeigen sich dann unterschiedliche Sichtweisen, die diskutiert werden können und gegebenenfalls zu neuen Lösungen führen.

Checkliste

Projektbezeichnung:

Einführung Travelmanagement

Sind die möglichen Risiken des Projekts bekannt?	ja
Sind die potenziellen Risiken überschaubar?	nein
Sind die angestrebten Ziele erreichbar?	nein
Sind die gesetzten Termine realistisch?	nein
Kann die geforderte Qualität erreicht werden?	ja
Reicht das vorhandene Budget aus, um das Projekt in der gewünschten Zeit und Qualität durchzuziehen?	ja
Werden wir die bekannten, mit dem Projekt verbundenen Probleme, in den Griff bekommen?	nein
Stehen qualifizierte Projektmitarbeiter zur Verfügung?	nein
Gibt es Konflikte in Bezug auf weitere Projekte?	ja
Gibt es Konflikte in Bezug auf Mitarbeiter oder Abteilungen?	ja

Es sprechen 5 Aspekte gegen das Projekt!

Fragebogen zur Risikobewertung mit Auswertung

Kosten- und Gewinnsituation mit Hilfe der Investitionsrechnung analysieren

Siehe CD-ROM

Die Arbeitshilfe **PM_Investitionsrechnung.xls** arbeitet mit folgenden Tabellenarbeitsblättern:

• StatischeRechnung

• DynamischeRechnung

Die Tabelle StatischeRechnung

Die Tabelle **StatischeRechnung** enthält eine Kosten- und Gewinnvergleichsrechnung. Sie ermöglicht den Vergleich von sechs Projekten unter Kosten- und Gewinngesichtspunkten. Bei Bedarf kann die Tabelle jederzeit erweitert werden.

Um eine Berechnung durchzuführen, müssen Sie folgende Daten erfassen:

• Anschaffungskosten

• Geplante Nutzungsdauer in Jahren

• Voraussichtliche Jahresleistung (z. B. Produktionseinheiten)

• Fixe Betriebskosten pro Periode

• Variable Betriebskosten pro Mengeneinheit

• Erlöse pro Mengeneinheit

• Zinssatz

Statische Investitionsrechnung

Investitionsobjekt	Projekt 1	Projekt 2
Anschaffungskosten	100.000,00 EUR	120.000,00 EUR
Durchschnittlicher Kapitaleinsatz	55.000,00 EUR	66.000,00 EUR
Geplante Nutzungsdauer in Jahren	10	10
Voraussichtliche Jahresleistung	22.000	25.000
Fixe Betriebskosten pro Periode	700,00 EUR	250,00 EUR
Variab. Betriebskosten/Mengeneinheit	0,40 EUR	0,35 EUR
Erlöse pro Mengeneinheit	1,86 EUR	1,89 EUR
Zinssatz	10,0%	10,0%
Kostenvergleich		
Fixe Betriebskosten pro Periode	700,00 EUR	1.500,00 EUR
Variable Betriebskosten pro Periode	8.800,00 EUR	8.750,00 EUR
Abschreibungen	10.000,00 EUR	12.000,00 EUR
Zinsen	5.500,00 EUR	6.600,00 EUR
Durchschnittliche Gesamtkosten	25.000,00 EUR	28.850,00 EUR
Stückkosten	1,14 EUR	1,15 EUR
Gewinnvergleich		
Erlöse pro Mengeneinheit	1,86 EUR	1,89 EUR
Erlöse pro Periode	40.920,00 EUR	47.250,00 EUR
Gesamtgewinn pro Periode	15.920,00 EUR	18.400,00 EUR
Gesamtgewinn-/-verlust der Investition	**159.200,00 EUR**	**184.000,00 EUR**

Grundgerüst der statischen Investitionsrechnung in der Excel-Tabelle

Die Tabelle DynamischeRechnung

Um in der Tabelle **DynamischeRechnung** eine Berechnung durchzuführen, müssen Sie folgende Daten erfassen:

- Anschaffungskosten
- Nutzungsdauer der Investition
- Jährliche Energiekosten
- Jährliche Wartungskosten
- Kosten für die Mitarbeiterschulung

- Erwartete Einsparungen im Zusammenhang mit dem Projekt
- Kalkulatorische Zinsen Eigenmittel
- Inflationsrate

Dynamische Investitionsrechnung

Preissteigerung	1,25%
Zinssatz	3,25%

	2007	2008	2009
Anschaffungskosten	400.000,00 EUR		
Abschreibung	40.000,00 EUR	40.000,00 EUR	40.000,00 EUR
Energiekosten	5.000,00 EUR	5.062,50 EUR	5.125,78 EUR
Instandhaltung/Wartung	4.000,00 EUR	4.050,00 EUR	4.100,63 EUR
Mitarbeiterschulung	15.000,00 EUR		
Summe der Ausgaben der Rechnungsperiode	24.000,00 EUR	9.112,50 EUR	9.226,41 EUR
Entgangene Zinserträge	0,00 EUR	0,00 EUR	0,00 EUR
Einsparungen	120.000,00 EUR	121.500,00 EUR	123.018,75 EUR

Auszug mit Beispielzahlen aus der Tabelle „Dynamische Investitionsrechnung"

So interpretie-
ren Sie die Er-
gebnisse

Die dynamische Investitionsrechnung in der Arbeitshilfe liefert als Ergebnis den internen Zins. Unter dem internen Zins versteht man die Rendite oder die Effektivverzinsung, die eine Investition erbringt. Es wird genau der Zinsfuß ermittelt, der sich bei einem Kapitalwert von Null ergibt. Wenn der interne Zinsfuß, das heißt die erwartete Rendite einer Investition, mindestens so groß ist wie die Mindestverzinsungsanforderungen, die ein Investor an ein Investitionsobjekt stellt, so erweist sich die geplante Investition als vorteilhaft.

Die Frage nach der Vorteilhaftigkeit einer Investition ist nur dann zu beantworten, wenn die beiden Zinsfüße interner Zins und Mindestverzinsung bekannt sind. Für das Beispiel von oben liegt die Mindestverzinsung bei 3,25 %. Ausgewiesen wird ein Ergebnis von

20,77 %. Der interne Zinsfuß liegt damit erheblich über der geforderten Mindestverzinsung von 3,25 %. Somit ist das Projekt aus finanzieller Sicht vorteilhaft.

5.5 Excel-Know-how

Zur Auswertung der Risikencheckliste und der Berechnung der Kosten- und Gewinnsituation mit Hilfe der Investitionsrechnung werden im Rahmen der Arbeitshilfen verschiedene Excel-Formeln eingesetzt, die nachfolgend näher erläutert werden.

Auswertung der Risikencheckliste

Die Auswertung der Checkliste erfolgt mit einem kleinen Trick. Es werden Formeln eingesetzt, die in der fertigen Anwendung verborgen sind.

Gearbeitet wird dabei unter anderem mit einer WENN-Funktion. Die WENN-Funktion gehört zur Kategorie der Logik-Funktionen. Mit ihrer Hilfe können Sie prüfen, ob eine Bedingung WAHR oder FALSCH ist und das Ergebnis vom Resultat abhängig machen. Die exakte Syntax der Funktion lautet:

WENN(Prüfung;Dann_Wert;Sonst_Wert)

Um eine WENN-Funktion in eine Tabelle einzufügen, führen Sie folgende Arbeitsschritte durch: WENN-Funktion

1. Wählen Sie **Einfügen** → **Funktion**. Markieren Sie im Listenfeld **Kategorie auswählen** den Eintrag **Logik** und unter **Funktion auswählen** die Funktion **WENN**.
2. Sie gelangen in den Dialog **Funktionsargumente**. Die WENN-Funktion verlangt die Argumente **Prüfung**, **Dann_Wert** und **Sonst_Wert**. Unter **Prüfung** wird im aktuellen Beispiel ermittelt, ob der Eintrag der Zelle **B** dem Eintrag **nein** entspricht. Ist das der Fall, soll der Wert in der Ergebniszelle **1** entsprechen, ansonsten soll eine **0** erscheinen.

3. Das bedeutet für das Beispiel: Wenn die Eingabe in der Zelle **B7** dem Eintrag **nein** entspricht, gilt der **Dann_Wert**, also die Ziffer **1**, ansonsten der **Sonst_Wert**, also die Ziffer **0**. Die vollständige Formel lautet: **=WENN(B7="nein";1;0)**

4. Verlassen Sie den Dialog durch einen Klick auf die Schaltfläche **OK**. Ist die Formel erst einmal in einer Zelle erstellt, kann sie in die nachfolgenden Zellen kopiert werden.

Tipp:

Möchten Sie die Formeln anstelle der Ergebnisse anzeigen, wählen Sie **Extras** → **Optionen** und wechseln auf die Registerkarte **Ansicht**. Aktivieren Sie das Kontrollkästchen **Formeln** und verlassen Sie den Dialog über **OK**.

Eine weitere Besonderheit der Tabelle **Checkliste** ist die Formel in Zelle **A27**, die wie folgt lautet:

=WENN(C27=1;"Es spricht ein Aspekt gegen das Projekt!";"Es sprechen "&C27&" Aspekte gegen das Projekt!")

In der Zelle **C27** werden die **Nein**-Antworten addiert. Zunächst wird geprüft, ob der Wert in **C27** der Ziffer **1** entspricht. Ist das der Fall, erscheint folgender Ausdruck in **A27: Es spricht ein Aspekt gegen das Projekt!**

In jedem anderen Fall erscheint der Ausdruck: **Es sprechen "&C27&" Aspekte gegen das Projekt!**

Der **Sonst_Wert** ist eine Verknüpfung aus zwei Textteilen und dem Wert aus Zelle **C27**. Die Einzelteile werden mit Hilfe des kaufmännischen Und (**&**) miteinander verknüpft.

Formeln zur Investitionsrechnung

Alle Formeln, die Sie in der Tabelle **StatischeRechnung** zu den Berechnungen der Kosten- und Gewinnvergleichsrechnung benötigen, finden Sie in der nachfolgenden Tabelle aufgelistet und erläutert:

Zelle	Formel	Erläuterung
B6	=WENN(B7=0;"";(B5+(B5/B7))/2)	Durchschnittlicher Kapitaleinsatz: Hierbei werden Anschaffungskosten und Nutzungsdauer berücksichtigt.
B14	=B9	Übernahme der fixen Betriebskosten pro Periode
B15	=B10*B8	Variable Betriebskosten pro Periode
B16	=WENN(B7=0;"";B5/B7)	Ermitteln der Abschreibung
B17	=WENN(ODER(B12=0;B6=0);0;B12*B6)	Errechnen der Zinsen
B18	=SUMME(B14:B17)	Summe der durchschnittlichen Gesamtkosten
B19	=WENN(B8=0;"";B18/B8)	Kosten pro Stück
B21	=B11	Erlöse pro Mengeneinheit
B22	=B21*B8	Erlöse pro Periode als Produkt der Jahresleistung und dem Erlöses pro Mengeneinheit
B23	=B22-B18	Gesamtgewinn pro Periode als Differenz zwischen Erlösen pro Periode und der Summe der durchschnittlichen Gesamtkosten
B24	=B23*B7	Gesamtgewinn/-verlust der Investition als Produkt aus dem Gesamtgewinn pro Periode und der Anzahl der Nutzungsjahre

Die Formeln zur Berechnung der Werte in der Tabelle StatischeRechnung

> **Tipp:**
> Um bei fehlenden Eingaben die Anzeige der Nullen zu unterdrücken, deaktivieren Sie unter **Extras** → **Optionen** auf der Registerkarte **Ansicht** das Kontrollkästchen **Nullwerte**.

Die Formeln, die Sie in der Tabelle **DynamischeRechnung** benötigen, finden Sie in der folgenden Tabelle aufgelistet und erläutert:

Zelle	Formel	Erläuterung
C7	=B7+1	Fortschreiben der Jahre: Um eine zehnjährige Betrachtung zu erlauben, werden Spalten bis zum Jahr 2013 benötigt. Damit Sie die Datei in den Folgejahren für weitere Investitionsrechnungen einsetzen können, wird mit einer Formel gearbeitet. Diese Formel kann in die nachfolgenden Spalten kopiert werden.
B9	=LIA($B$8;0;10)	Ermitteln der Abschreibung mit Hilfe der Funktion LIA (nähere Informationen zum Thema „Abschreibung" folgen noch)
C10	=B10*(1+$B$3)	Errechnen der Preissteigerung im Bereich Energiekosten. Diese Formel kann in die nachfolgenden Spalten kopiert werden.
C11	=B11*(1+$B$3)	Instandhaltung/Wartung (vgl. C10)
B13	=B10+B11+B12	Summe der Ausgaben. Diese Formel kann in die nachfolgenden Spalten kopiert werden.
B14	=B49	Entgangene Zinserträge: Würde der Kapitaleinsatz von 400.000 EUR angelegt, kann mit einer Verzinsung von 3,25 % gerechnet werden. Die Höhe der monatlichen Zinsen wird in einer Nebenrechnung ermittelt.
C16	=B16*(1+$B$3)	Einsparungen (vgl. C10)
B17	=B8*(-1)	Nebenrechnung für internen Zins (die Anschaffungskosten werden als negative Zahl generiert, da zur Ermittlung des internen Zinsfußes das Argument Werte mindestens einen positiven und einen negativen Wert enthalten muss)
B18	=B16-B13-B14	Ermitteln des Kapitalrückflusses. Diese Formel kann in die nachfolgenden Spalten kopiert werden.
B19	=B18-B8	Saldo Kapitaleinsatz/Kapitalrückfluss. Diese Formel kann in die nachfolgenden Spalten kopiert werden.
B21	=IKV(B17:K18)	Ermittlung des internen Zinses, wobei das Argument Schätzwert nicht benötigt wird (die Funktion IKV wird in einem eigenen Abschnitt dieses Kapitels behandelt)
B48	=B5	Nebenrechnung: Übernahme Zinssatz
A49	=B8	Nebenrechnung: Übernahme zu verzinsender Betrag. Der Wert entspricht den Anschaffungskosten der Investition.
B49	=A49*$B$48	Nebenrechnung: Errechnen der Zinsen für das erste Jahr
C49	=A49+B49	Nebenrechnung: Addition von Ausgangskapital und Zinsen

Zelle	Formel	Erläuterung
A50	=C49	Nebenrechnung: Übernahme des Wertes aus C49. Dieser Betrag wird in B50 verzinst. Auf Grund des Zinseszinseffekts müssen die Zinsen ab dem zweiten Jahr von dem höheren Kapital berechnet werden.

Die Formeln zur Berechnung der Werte in der Tabelle DynamischeRechnung

Der interne Zinsfuß

Excel stellt zur Ermittlung des internen Zinsfußes die Funktion IKV zur Verfügung. Die exakte Syntax dieser Funktion lautet:

Die Funktion IKV

IKV(Werte;Schätzwert)

• Das Argument **Werte** entspricht der zu der Investition gehörenden Zahlungsreihe und verlangt mindestens einen positiven und einen negativen Wert. Die Funktion unterstellt, dass die Zahlungen in der Reihenfolge erfolgen, in der sie im Argument **Werte** angegeben sind.

• Das Argument **Schätzwert** ist eine Zahl, von der Sie annehmen, dass sie in der Größenordnung des Ergebnisses liegt. Excel arbeitet mit einem Schätzwert, weil zur Berechnung der Funktion **IKV** ein Iterationsverfahren eingesetzt wird. Das Verfahren beginnt mit dem Schätzwert. **IKV** wird solange ausgeführt, bis das Ergebnis eine Genauigkeit von **0,00001** % erreicht. Sollte nach 20 Durchgängen kein geeignetes Ergebnis erzielt werden, wird der Fehler **#ZAHL!** ausgewiesen. Fehlen die Angaben zum Schätzwert, geht Excel automatisch von 10 % aus.

5.6 Zusammenfassung

Im Rahmen einer Risikoanalyse geht es darum, abzuklären, wie hoch die Risiken für das Projekt sind.

Die DIN 69905 definiert die Risikoanalyse als den „Teil einer Projektanalyse, der sich auf das Projektrisiko bezieht".

Jedes Projekt hat drei Eckpunkte, die es einzuhalten bzw. zu erfüllen gilt:

- Termine
- Budget
- Leistung

In der Literatur spricht man in diesem Zusammenhang vom so genannten magischen Dreieck.

Die Einführung neuer Projekte bindet u. U. hohe Kapitalbeträge. Ob sich eine Investition und damit das Projekt lohnt oder nicht, kann man häufig auf den ersten Blick nicht erkennen. Deshalb empfiehlt es sich, Investitionsvorhaben sorgfältig unter Einsatz geeigneter Rechenverfahren zu analysieren.

Eine **Investitionsrechnung** ist ein Verfahren, mit dessen Hilfe die Vorteilhaftigkeit einer Investitions-Maßnahme überprüft werden soll. Dabei existieren in Theorie und Praxis unterschiedliche Methoden im Hinblick auf die Rechenmöglichkeiten. In erster Linie wird zwischen statischen und dynamischen Verfahren differenziert.

Im Rahmen einer Investitionsrechnung müssen Sie Anschaffungskosten, Nutzungsdauer sowie laufende Kosten und Erlöse, die durch das Investitionsobjekt verursacht werden, miteinander verknüpfen.

Die **interne Zinsfußmethode** ist ein dynamisches Verfahren, das den Zinsfuß berechnet. Ist der interne Zins größer als die geforderte Mindestverzinsung, ist ein Projekt unter wirtschaftlichen Gesichtspunkten vorteilhaft.

Die **WENN**-Funktion gehört zur Kategorie der **Logik**-Funktionen. Mit ihrer Hilfe können Sie prüfen, ob eine Bedingung **WAHR** oder **FALSCH** ist und das Ergebnis vom Resultat abhängig machen. Die Syntax der Funktion lautet:

WENN(Prüfung;Dann_Wert;Sonst_Wert)

Excel stellt zur Ermittlung des internen Zinsfußes die Funktion **IKV** zur Verfügung. Deren Syntax lautet: IKV(Werte;Schätzwert)

6 Schritt 4: Projektleitung und Projektteam festlegen

Sobald die Entscheidung für das Projekt endgültig getroffen wurde, muss eine kompetente Projektleitung mit einem schlagkräftigen Team nominiert werden.

Das Gelingen des Projekts steht und fällt mit dem Projektleiter und seinem Team. Deshalb empfiehlt es sich in der Praxis, der Personalauswahl große Bedeutung zuzumessen.

Auch hierzu gibt es begleitend zu diesem Beitrag eine Arbeitshilfe, die Ihnen die Entscheidung zwar nicht abnimmt, sie Ihnen jedoch erleichtern soll. Treffen Sie die Auswahl aber unbedingt ganz sorgfältig, nicht selten wurde ein Projekt durch eine unqualifizierte Leitung oder ein nicht qualifiziertes Team in den Sand gesetzt.

6.1 Geeignete Mitarbeiter finden

Der Erfolg eines Projekts hängt in der Praxis stark vom Projektleiter und seinen Mitarbeitern ab. Die Stärken und Schwächen des potenziellen Projektleiters und seines Teams müssen detailliert beurteilt werden, bevor jemand konkret mit Aufgaben betraut wird.

Die Stärken und Schwächen des Projektleiters und des Teams

In diesem Zusammenhang spielen vor allem folgende Fähigkeiten und Fertigkeiten der Auszuwählenden eine Rolle:

Wichtige Fähigkeiten und Fertigkeiten

- Motivation
- Kompetenz
- Flexibilität
- Belastbarkeit

Die potenziellen Projektleiter und Teammitglieder sollten so weit wie möglich nach unterschiedlichen Kriterien beurteilt werden. Dazu eignet sich zum Beispiel das Schulnotensystem.

6.2 So finden Sie den richtigen Projektleiter

Beurteilungs-
kriterien

Projektleiter müssen persönliche und fachliche Kompetenz mitbringen. Im Einzelnen können zur Beurteilung des Projektleiters folgende Kriterien herangezogen werden:

*   Motivation
*   Engagement
*   Zeitmanagement
*   Organisationsmanagement
*   Kommunikationsfähigkeit
*   Teamführung
*   Fachkompetenz
*   Verhandlungsfähigkeit
*   Flexibilität
*   Schadensmanagement
*   Weiterbildungsbereitschaft
*   Belastbarkeit

Motivation

Die Motivation des Projektleiters spielt eine entscheidende Rolle und sollte Voraussetzung für die Besetzung der Position sein. Steht der Projektleiter nicht hinter dem Projekt, wie soll er dann das Team motivieren?

Engagement

Darüber hinaus muss der Projektleiter in der Lage sein, sich auf ein neues Aufgabengebiet zu konzentrieren und neuen, komplexen Aufgaben positiv sowie engagiert gegenüber zustehen.

Organisations-
management

Überblick über Aufgaben und Termine sollte ebenso selbstverständlich sein, wie ihre Einhaltung. Selbstverständlich muss der vorgesehene Kandidat in der Lage sein, komplexe Aufgaben zu strukturieren und sowohl mit Vorgesetzten als auch mit Mitarbeitern produktiv zu kommunizieren.

Nur ein Kandidat, der gute Kommunikationsarbeit zu leisten im Stande ist, kann ein Team führen und seine Mitarbeiter auch für unbeliebte Aufgaben gewinnen. Der Projektleiter sollte fit und auf dem aktuellen Stand im Themenbereich des Projekts sein. *Kommunikationsfähigkeit*

Außerdem sollte er – falls erforderlich – auch die Bereitschaft mitbringen, sich auch in Eigeninitiative weiterzubilden. Verhandlungsgeschick, Flexibilität auch in Stresssituationen runden das Anforderungsprofil ab. *Flexibilität*

Die Bereitschaft, Verantwortung für die Fehler des gesamten Projektteams zu tragen und diese Fehler umgehend so weit wie möglich zu beheben, darf nicht fehlen. *Belastbarkeit*

Tipp:

Projektarbeit bedeutet in der Praxis, dass häufig neben den gewohnten Routinearbeiten zusätzlich neue, andere, außergewöhnliche Aufgaben übernommen werden müssen. Dadurch wird insbesondere der Projektleiter als Verantwortlicher eines Projekts belastet. Wichtig ist deshalb, nur solche Personen mit dieser verantwortungsvollen Aufgabe zu betrauen, die dieser Belastung gewachsen sind. Ansonsten kann es nicht nur im Projekt, sondern auch bei den täglichen Arbeiten zu Problemen kommen.

6.3 Die Teammitarbeiter

Ebenso wie der Projektleiter müssen auch die einzelnen Teammitglieder des Projekts wichtige Voraussetzungen erfüllen, um erfolgreich im Projekt mitarbeiten zu können. Hier sind insbesondere von Bedeutung: *Wichtige Voraussetzungen der Teammitglieder*

- Fachwissen
- Einsatzbereitschaft
- Termintreue

- Kostenbewusstsein
- Motivation
- Teamfähigkeit

6.4 Die Arbeitshilfen zu diesem Kapitel

Siehe CD-ROM

Die Arbeitshilfe **PM_LeitungUndTeam.xls** stellt Ihnen Beurteilungskriterien für mögliche Projektleiter und Teammitglieder in den folgenden Tabellen zur Verfügung:

- Projektleiter
- Projektteam
- Mitarbeiterliste

So arbeiten Sie mit dem Tool

Die Tabelle Projektleiter

Zur Besetzung der Projektleiterstelle ziehen Sie den Beurteilungsbogen für die Projektleitung heran. Vergeben Sie für jeden Kandidaten und jedes einzelne Beurteilungskriterium eine Schulnote von 1 (sehr gut) bis 6 (ungenügend). Das Tool ermittelt in der Zeile **Gesamtnote** den Notendurchschnitt für jeden einzelnen Kandidaten.

Berücksichtigen Sie beim Umgang mit der Tabelle Folgendes:

- Spalten, die Sie nicht benötigen, können Sie frei lassen.
- Es ist unbedingt erforderlich, jedes Beurteilungskriterium zu benoten. Ansonsten erhalten Sie keinen korrekten Notendurchschnitt.
- Die Gesamtnote wird in Zelle **B25** mit Hilfe der Formel =**SUMME(B6:B23)/18** gebildet. Die Formel wurde in die Nachbarspalten kopiert.

Beurteilung Projektleitung

Projektbezeichnung:

Beurteilungskriterium	NN1	NN2	NN3
Motivation			
Engagement			
Konzentrationsfähigkeit			
Zeitorganisationsmanagement			
Organisationsmanagement			
Überblick über Aufgaben			
Überblick über Termine			
Umgang mit komplexen Aufgabenstellungen			
Kommunikationsfähigkeit mit Vorgesetzten			
Kommunikationsfähigkeit mit Mitarbeitern			
Teamführung			
Fachkompetenz			
Weiterbildungsbereitschaft			
Verhandlungsgeschick			
Felxibilität			
Umgang mit Stresssituationen			
Verantwortungsbereitschaft			
Belastbarkeit			
Gesamtnote			

Anhand dieser Kriterien können Sie Projektleiter beurteilen

Hinweis:

Das Tool lässt nur ganze Noten zwischen 1 und 6 zu. Wenn Sie Werte mit Nachkommastellen oder dergleichen eingeben, erhalten Sie eine Fehlermeldung.

Die Tabelle Projektteam

Die Tabelle **Projektteam** zur Beurteilung der Projektmitarbeiter ist ähnlich aufgebaut wie die Tabelle zur Beurteilung der Projektleiter.

Auch in diesem Arbeitsblatt ist nur die Eingabe von Schulnoten möglich. Es ergeben sich jedoch geringfügige Abweichungen im Hinblick auf die zu bewertenden Kriterien. Außerdem können Sie hier eine größere Zahl an Beschäftigten beurteilen.

Beurteilung Projektteam			
Projektbezeichnung:			
Beurteilungskriterium	Nicht nominiert	Nicht nominiert	Nicht n
Motivation			
Engagement			
Konzentrationsfähigkeit			
Überblick über Aufgaben			
Überblick über Termine			
Umgang mit neuen Aufgabenstellungen			
Kommunikationsfähigkeit mit Vorgesetzten			
Kommunikationsfähigkeit mit Mitarbeitern			
Fachkompetenz			
Weiterbildungsbereitschaft			
Flexibilität			
Umgang mit Stresssituationen			
Verantwortungsbereitschaft			
Belastbarkeit			
Gesamtnote			

Hier werden die möglichen Teammitglieder benotet.

So interpretieren Sie die Beurteilungsergebnisse

Die Gesamtnote, die sich aus den einzelnen Beurteilungskriterien ergibt, dient als Entscheidungshilfe, kann und darf aber nie die Entscheidung selbst sein.

Verdeutlichen möchten wir Ihnen dies an einem möglichen Ergebnis in der folgenden Abbildung.

Beurteilung Projektleitung

Projektbezeichnung:

Beurteilungskriterium	Meier	Schulze
Motivation	1	1
Engagement	-	2
Konzentrationsfähigkeit	2	2
Zeitorganisationsmanagement	3	2
Organisationsmanagement	1	2
Überblick über Aufgaben	1	2
Überblick über Termine	2	2
Umgang mit komplexen Aufgabenstellungen	2	2
Kommunikationsfähigkeit mit Vorgesetzten	4	2
Kommunikationsfähigkeit mit Mitarbeitern	5	1
Teamführung	1	3
Fachkompetenz	1	3
Weiterbildungsbereitschaft	2	3
Verhandlungsgeschick	2	3
Flexibilität	2	2
Umgang mit Stresssituationen	2	2
Verantwortungsbereitschaft	2	2
Belastbarkeit	2	2
Gesamtnote	**2,00**	**2,11**

Vergleich zweier potenzieller Projektleiter

Mitarbeiter Meier hat zwar insgesamt eine bessere Gesamtnote als Mitarbeiter Schulze. Allerdings zeigen sich bei Meier deutliche Schwächen in der Kommunikationsfähigkeit. Dort hat Schulze klare Vorteile. Da die Kommunikationsfähigkeit ein ganz bedeutender Aspekt für die Eignung eines Projektleiters ist, wäre es im aktuellen Beispiel durchaus sinnvoll, Schulze als Projektleiter zu benennen.

Die Mitarbeiter-
liste

Sobald die Entscheidung für einen Projektleiter und ein Projektteam gefallen ist, können Sie die ausgewählten Personen in die vorbereitete Tabelle **Mitarbeiterliste** eintragen. Dort erfassen Sie für die Auserwählten folgende Angaben:

- Personal-Nr.
- Name
- Vorname
- Abteilung
- Position
- Durchwahl
- E-Mail
- Fax
- Stellung im Projekt

Mitarbeiterliste								
Projektbezeichnung:								
Personal Nr.	Name	Vorname	Abteilung	Position	Durch- wahl	E-Mail	Fax	Stellung im Projekt

Hier erfassen Sie die Mitglieder des Projektteams.

So passen Sie
die Arbeitshilfe
an

Die Arbeitshilfe ist vom Aufbau her nicht sehr komplex. Sie kann daher jederzeit den Bedürfnissen in Ihrem Unternehmen angepasst werden:

- Um weitere Beurteilungsspalten in den Tabellen **Projektleiter** bzw. **Projektteam** einzurichten, müssen Sie lediglich die vorangegangene Spalte kopieren und an gewünschter Stelle einfügen.

- Selbstverständlich können Sie auch weitere Beurteilungskriterien anlegen. Dazu fügen Sie mit Hilfe der Befehlsfolge **Einfügen →
Zeile** eine neue Zeile ein. Korrigieren Sie anschließend die Formel in der Zeile **Gesamtnote**. Beachten Sie dabei, dass immer durch die Anzahl der zu vergebenden Noten, sprich Kriterienanzahl, dividiert werden muss.

6.5 Excel-Know-how

Zur Realisierung der Arbeitshilfe **PM_LeitungUndTeam.xls** wurde unter anderem die Funktion **Gültigkeit** genutzt. Mit Hilfe dieser Funktion können Sie Einschränkungen für bestimmte Werte in Zellen festlegen.

Siehe CD-ROM

Um im Rahmen der Beurteilung ausschließlich Schulnoten von **1** bis **6** in den betreffenden Zellen zu akzeptieren, wird mit der Funktion **Gültigkeit** aus dem Menü **Daten** gearbeitet. Möchten Sie selbst Zellen mit Hilfe dieser Funktion auf bestimmte Werte beschränken, führen Sie die folgenden Arbeitsschritte durch:

Werte mit der Gültigkeitsprüfung einschränken

1. Markieren Sie die Zellen bzw. den Zellbereich, für die die Funktion eingesetzt werden soll. Mehrfachmarkierungen nehmen Sie mit gedrückter **Strg**-Taste vor.
2. Öffnen Sie das Menü **Daten → Gültigkeit** und wechseln Sie auf die Registerkarte **Einstellungen**.
3. Wählen Sie unter **Zulassen** den Eintrag **Ganze Zahl** aus und unter **Daten** den Eintrag **zwischen**.
4. Geben Sie unter **Minimum** die Ziffer **1** und unter **Maximum** die Ziffer **6** an. Verlassen Sie danach den Dialog über die Schaltfläche **OK**.
5. Anschließend können Sie nur noch Werte eingeben, die den vorgenommenen Einstellungen entsprechen.

Die Spalten zur Erfassung der Namen sind auf Grund der zahlreichen vorgesehenen Mitarbeiterbeurteilungen sehr schmal gehalten.

Besondere Zellformate

Das hat zur Folge, dass die Namen in horizontaler Form nicht in die Spalte passen. Aus diesem Grunde wird mit dem Format **Orientierung** gearbeitet.

Mit folgenden Arbeitsschritten erhalten Sie den gewünschten Effekt:

1. Markieren den zu formatierenden Zellbereich und wählen Sie anschließend **Format → Zellen**.
2. Sie gelangen in den Dialog **Zellen formatieren**. Dort aktivieren Sie die Registerkarte **Ausrichtung**.
3. Verändern Sie die Gradangabe im Feld **Grad** im Bereich **Orientierung** zu einem spitzen Winkel.
4. Bestätigen Sie Ihre Einstellungen mit einem Klick auf die Schaltfläche **OK**.

6.6 Zusammenfassung

Der Erfolg eines Projekts hängt in der Praxis stark vom Projektleiter und seinen Mitarbeitern ab. Es empfiehlt sich deshalb, die Stärken und Schwächen des potenziellen Projektleiters und seines Teams im Vorfeld detailliert zu beurteilen.

Wichtige Kriterien dabei sind:

- Motivation
- Kompetenz
- Flexibilität
- Belastbarkeit

Bei Projektleitern sind zusätzlich vor allem auch die **Führungsqualitäten** von immenser Bedeutung.

Zur Beurteilung von Mitarbeitern ist das Schulnotensystem geeignet. Um ausschließlich die Eingabe der Schulnoten von 1 bis 6 zu akzeptieren, empfiehlt sich die Funktion **Gültigkeit** aus dem Menü **Daten**.

Bei Platzmangel bei der Beschriftung von Spalten leistet die Funktion **Orientierung** eine gute Hilfe. Sie finden diese Funktion im Fenster **Zellen formatieren** im Register **Ausrichtung**.

7 Schritt 5: Projektplanung durchführen

Die Entscheidung für das Projekt ist definitiv gefallen und die Auswahl des Projektleiters und der Projektmitglieder ist abgeschlossen. Kurz: Sie befinden sich mit Ihrem Projekt in der Umsetzungsphase. Nun geht es darum, das Projekt zu untergliedern, Strukturen und Abläufe zu planen, Termine festzusetzen.

Das Projekt wird in Teilprojekte und Arbeitspakete zerlegt. Auch für diesen Schritt stellen wir Ihnen verschiedene Tools und Arbeitshilfen zur Verfügung. Darunter befinden sich auch Baukästen, mit deren Hilfe Sie Pläne für Projekte unterschiedlichster Art erstellen können.

7.1 Struktur, Ablauf, Termine

In der ersten Phase der Planung stehen folgende Einzelpläne im Vordergrund:

Die Einzelpläne zu Beginn eines Projekts

- Strukturplan
- Ablaufplan
- Terminplan

Im Rahmen des Projektmanagements wird häufig mit so genannten Meilensteinen gearbeitet. Sie bieten Hilfestellung bei der Strukturierung von Projekten und kennzeichnen häufig den Abschluss von Teilprojekten.

Auf diese Weise dienen Meilensteine auch als Zwischenstationen auf dem Weg zum Ziel. Da Meilensteine zeitbezogen sind, spielen sie insbesondere bei der Terminplanung eine wichtige Rolle.

7.2 Die Einzelpläne

Bei der Erstellung der Einzelpläne beginnen Sie mit dem **Struktur-plan**. Danach folgen **Ablauf-** und **Terminplan**.

Der Projektstrukturplan

Im Projektstrukturplan legen Sie die Struktur des Projekts fest. Das heißt, Sie zerlegen das Komplettpaket in kleinere Bausteine, zunächst in Teilaufgaben bzw. Teilprojekte, dann in so genannte Arbeitspakete, die als Elemente in der untersten Gliederungsebene zu finden sind.

Die Arbeits-
pakete

Arbeitspakete sind Teile eines Projekts. Sie stellen die unterste Ebene des Projektstrukturplans dar. Das bedeutet, ein Arbeitspaket lässt sich nicht weiter untergliedern. Es sollte folgende Kriterien erfüllen:

• in sich geschlossene Aufgabe
• eindeutig definierbares Ergebnis
• vollständig von einer Person bzw. Gruppe durchzuführen
• so weit wie möglich unabhängig von anderen Arbeitspaketen
• planbar
• kontrollierbar

> **Tipp:**
> Damit bestimmen Arbeitspakete weitgehend die beiden wichtigen Faktoren **Zeitaufwand** und **Kostenaufwand** der einzelnen Meilensteine.

Der Projektablaufplan

Mit dem Projektablaufplan, auch Bar Chart genannt, bringen Sie die Aktivitäten des Projekts in eine sinnvolle Reihenfolge. Dabei helfen Ihnen folgende Fragestellungen:

- Wie strukturieren wir die Abläufe möglichst sinnvoll und effizient?
- In welcher Reihenfolge müssen wir die Tätigkeiten durchführen?
- Welche Arbeiten können wir parallel erledigen?
- Was müssen wir bei parallelen Aufgaben beachten?
- Welche Arbeiten setzen die Fertigstellung einer Teilaufgabe voraus?

Im Rahmen der Ablaufplanung geht es ausschließlich um die Organisationskomponente. Hier wird noch nicht mit Terminen gearbeitet. Die Ablaufplanung schafft vielmehr die Voraussetzung für die Zeitplanung.

Der Projektterminplan

Wer kennt und fürchtet ihn nicht: den Terminkalender? Selbstverständlich gehört auch zu einem Projekt eine Terminplanung. In einem Projektterminplan schätzen oder berechnen Sie die Dauer der einzelnen Arbeitspakete. Die Werte werden zum Starttermin addiert und ergeben den geplanten Fertigstellungszeitpunkt.

In der Praxis wird zur Ermittlung eines Arbeitsaufwandes häufig die folgende Formel angewandt:

Ermittlung eines Arbeitsaufwandes

Aufwand = (Optimistischer Aufwand + Pessimistischer Aufwand + 4 × Wahrscheinlicher Aufwand) / 6

Die endgültige Dauer bis zur Fertigstellung des Arbeitspaketes wird dann wie folgt ermittelt:

Ermittlung der endgültigen Dauer

Dauer = Dauer in Tagen / Anzahl Personen × Prozentualer Anteil × Zuschlagsfaktor

Die Formel erklärt sich wie folgt: Werden mehrere Personen mit der Erledigung eines Arbeitspaketes betraut, kann die Gesamtdauer auf diese Beschäftigten umgelegt werden.

In der Regel verhält es sich aber so, dass sich die Projektmitglieder nicht zu 100 % einem Projekt widmen können, sondern für jeden nur ein bestimmter Prozentsatz der täglichen Arbeitszeit zur Verfügung steht. Darüber hinaus ist es meist sinnvoll, auch noch einen Zuschlagsfaktor für Nebentätigkeiten einzukalkulieren.

7.3 Arbeitshilfen zu diesem Kapitel

Um die Planung zu optimieren, stehen Ihnen zu diesem Kapitel folgende drei Tools zur Verfügung:

Siehe CD-ROM

- PM_Strukturplan.xls
- PM_Ablaufplan.xls
- PM_Terminplan.xls

Projektstrukturplan mit Teilprojekten und Arbeitspaketen

Siehe CD-ROM

Die Arbeitshilfe **PM_Strukturplan.xls** hilft Ihnen bei der Erstellung eines Projektstrukturplans. Er enthält folgende Tabellen:

- Teilprojekte
- Arbeitspakete
- Baukasten
- Beispiel

Die Tabellen Teilprojekte und Arbeitspakete

Teilprojekte

Zunächst werden die Teilprojekte gesammelt. Die dafür vorgesehene Tabelle sieht folgende Spalten vor: Nr., Bezeichnung, Geschätzter Arbeitsaufwand, Geschätzte Kosten, Ebene.

Sammlung Teilprojekte
Projekt:

Nr.	Bezeichnung	Geschätzter Arbeitsaufwand	Geschätzte Kosten	Ebene

Sammeln Sie zunächst die Teilprojekte.

Erste Schätzungen über Arbeitsaufwand (Dauer) und Kosten sollen einen Überblick über diese Eckdaten des Projekts verschaffen. In der Spalte **Ebene** geben Sie an, auf welcher Ebene des Projekts sich das Teilobjekt befindet. Diese Angabe wird nur bei komplexen Projekten benötigt.

Aus den Teilprojekten bzw. Teilaufgaben ergeben sich die Arbeitspakete, die in der gleichnamigen Tabelle gesammelt werden.

Arbeitspakete

Sammlung Arbeitspakete
Projekt:

Nr.	Bezeichnung	Geschätzter Arbeitsaufwand	Geschätzte Kosten

Die Arbeitspakete werden zunächst in der Übersicht gesammelt.

Der Baukasten

Da in der Praxis kein Projekt dem anderen gleicht und damit auch die Strukturpläne unterschiedlich ausfallen, befindet sich kein fertiger Strukturplan in der Arbeitshilfe.

Vielmehr haben wir für Sie einen Baukasten vorbereitet, mit dem Sie einen Strukturplan erstellen können, der individuell auf Ihr Projekt zugeschnitten ist.

Der Baukasten enthält folgende Elemente:

- Projektelement (Textfeld mit dem Inhalt Projektbezeichnung)
- 3 Elemente für Teilaufgaben (Textfelder mit der Bezeichnung **TA:**)
- 4 Elemente für Arbeitspakete (Textfelder mit der Bezeichnung **AP:**)

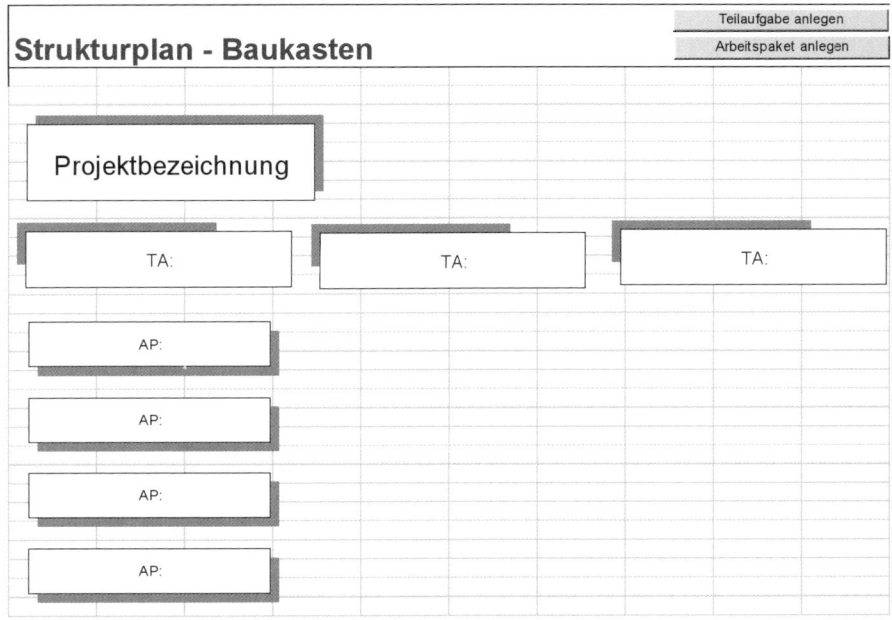

Baukasten zur Erstellung eines Strukturplans

Mit dem Baukasten erstellen Sie auf komfortable Weise Ihren individuellen Strukturplan. Beachten Sie dabei folgende Arbeitsanweisungen:

- Überschreiben Sie die vordefinierten Texte der Textfelder mit den gewünschten Texten, also der Bezeichnung der Teilaufgaben und Arbeitspakete.
- Textfelder, die Sie nicht benötigen, können Sie löschen. Dazu markieren Sie das überflüssige Element, indem Sie es mit der Maustaste anklicken, und drücken anschließend die **Entf**-Taste.
- Wenn Sie mehr Textfelder für Teilaufgaben oder Arbeitspakete benötigen, als zur Verfügung stehen, erzeugen Sie diese durch einen Klick auf die Schaltfläche **Teilaufgabe anlegen** bzw. **Arbeitspaket anlegen**.
- Die einzelnen Elemente ziehen Sie mit gedrückter linker Maustaste an die gewünschte Position im Arbeitsblatt.
- Verbindungslinien erzeugen Sie mit Hilfe der Schaltfläche **Linie** der Symbolleiste **Zeichnen** bzw. alternativ mit Hilfe der Rahmenfunktion.

Der Ablaufplan mit Arbeitspaketliste und Aufwandschätzung

Mit der Arbeitshilfe **PM_Ablaufplan.xls** erstellen Sie nicht nur eine Arbeitspaketliste und eine Aufwandschätzung, sondern Sie können mit Hilfe des Baukastens einen individuellen Ablaufplan für Ihr Projekt erstellen. Die Arbeitshilfe stellt folgende Tabellenarbeitsblätter zur Verfügung:

Siehe CD-ROM

- Baukasten
- Arbeitspaketliste
- Aufwandschätzung

Die Arbeitspaketliste dient als Grundlage zur Erstellung des Projektablaufplans sowie der Arbeitsaufträge. In dieser Liste werden alle Arbeitspakete aufgelistet.

Die Arbeitspaketliste

Sie können pro Arbeitspaket folgende Informationen eintragen: Nummer, Bezeichnung, Vorgänger, Nachfolger, Dauer, Kosten und Anmerkungen.

Arbeitspaketliste

Projekt:

Nr.	Bezeichnung	Vorgänger	Nachfolger	Dauer	Kosten	Anmerkungen

Diese Informationen sieht die Arbeitspaketliste vor.

Tipp:

Excel macht es möglich, Informationen nicht nur aus anderen Tabellenarbeitsblättern, sondern auch aus anderen Arbeitsmappen zu holen. Diese Technik sollten Sie sich zu Nutze machen, um doppeltes Erfassen von Daten zu vermeiden. Arbeiten Sie rationell: Übernehmen Sie die bereits vorhandenen Angaben aus der Datei **PM_Strukturplan.xls**.

Der Baukasten

Wie die Arbeitshilfe zum Strukturplan enthält auch die Datei **PM_ Ablaufplan.xls** einen Baukasten zur Erstellung eines Projektablaufplans. Über die Schaltfläche **Arbeitspaket anlegen** richten Sie weitere Arbeitspakete ein.

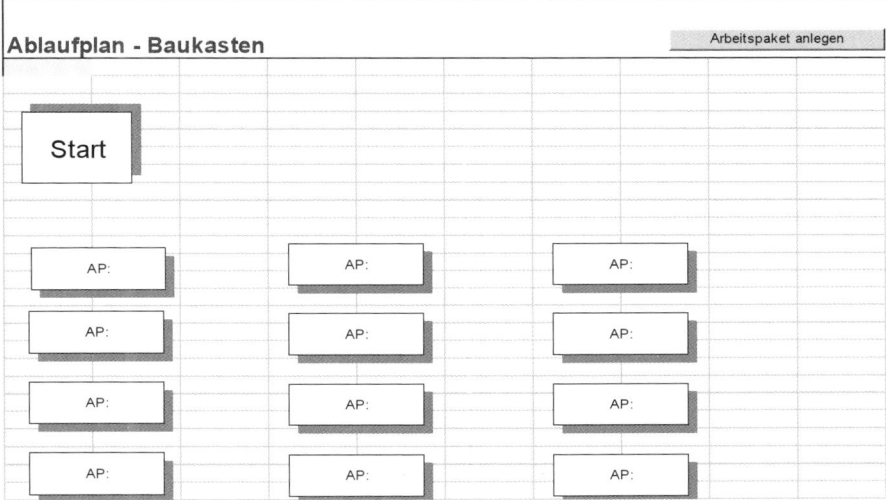

Baukasten für einen Ablaufplan

Fällt es Ihnen schwer, den Aufwand der einzelnen Arbeitspakete zu schätzen, setzen Sie die Tabelle **Aufwandschätzung** ein.

Die Aufwand-
schätzung

Füllen Sie alle vorgesehenen Felder für ein Arbeitspaket aus. Die Zeiteinheit für das Arbeitspaket wählen Sie dabei über ein Drop-down-Feld aus. Die Berechnung erfolgt dann in der Spalte **Errechneter Aufwand** nach der folgenden Formel, die sich in der Praxis bewährt hat:

Aufwand = (Optimistischer Aufwand + Pessimistischer Aufwand + 4 x Wahrscheinlicher Aufwand) / 6

Aufwandschätzung

Projekt:

Nr.	Bezeichnung	Zeiteinheit	Opti- mistischer Aufwand	Pessi- mistischer Aufwand	Wahr- schein- licher Aufwand	Errechneter Aufwand
1	Projektstart - Zieldefinition	Tag	2	12	4	5,00

Der Aufwand wird automatisch ermittelt.

Terminplanung des Projekts

Siehe CD-ROM

Die Arbeitshilfe **PM_Terminplan.xls** unterstützt Sie bei der kompletten Terminplanung des Projekts. Sie enthält folgende Arbeitsblätter:

- Teilprojekte
- Projektplanung_TP
- Arbeitspakete
- Projektplanung_AP
- Feiertage (Auflistung von Feiertagen)
- Kalenderwochen
- TagesplanungHJ1
- TagesplanungHJ2
- Mehrjahresplan

Teilprojekttermine

Projekt: 01.05.2007

Nr.	Bezeichnung	Starttermin	Stichtag
1	Geeignetes System auswählen	01.07.2007	01.08.2007
2	Vorbereitung der Formulare	15.06.2007	01.09.2007
3			
4			

In diese Liste werden die Teilprojekte mit Start- und Endtermin eingetragen.

Die Arbeitspakete

In der Tabelle **Arbeitspakete** werden die Endtermine für die einzelnen Arbeitspakete ermittelt. Dazu werden folgende Angaben benötigt:

- Nr.
- Bezeichnung
- Starttermin
- Dauer in Tagen
- Anzahl Personen

- % Anteil
- Zuschlagsfaktor
- Errechnete Dauer in Tagen
- Endtermin

Arbeitspakettermine

Projekt: [   ]

Nr.	Bezeichnung	Starttermin	Dauer in Tagen	Anzahl Personen	% Anteil	Zuschlags-faktor	errechnete Dauer in Tagen	Endtermin

Der Endtermin der einzelnen Arbeitspakete wird rechnerisch ermittelt.

Unter „Dauer in Tagen" geben Sie an, wie viele Tage die Erledigung eines Arbeitspaketes voraussichtlich in Anspruch nehmen wird. Die zugehörige Excel-Formel in Zelle **H6** lautet wie folgt:

=WENN(ODER(F6=0;E6=0);0;AUFRUNDEN(D6/F6/E6*(100%+G6);0))

Die errechneten, aufgerundeten Tage werden zum Starttermin addiert. Auf diese Weise ergibt sich unter Einbeziehen der Funktion **ARBEITSTAG** folgende Formel in **I6**:

=ARBEITSTAG(C6;H6;Feiertage!A5:A17)

I6	▼	ƒx	=ARBEITSTAG(C6;H6;Feiertage!A5:A17)					
Starttermin	Dauer in Tagen	Anzahl Personen	% Anteil	Zuschlags-faktor	err. Dauer in Tagen	Endtermin	
01.07.2007	50	4	30%	10%	46	03.09.2007	

Mit dieser Formel wird der Endtermin ermittelt.

Die Terminkalender

Die Dauer der einzelnen Teilprojekte bzw. Arbeitspakete können Sie in die verschiedenen Excel-Terminpläne eintragen, die Bestandteil der Arbeitshilfe sind.

Die Wochen-planung

Eine Einteilung in Kalenderwochen finden Sie in der Tabelle **Kalenderwochen**.

Kalenderwochen

Projekt:

Teilprojekt / Arbeitspaket	1	2	3	4	5	6	7	8	9	10	11	12	13	14	15
Arbeitspaket 1															
Arbeitspaket 2															
Arbeitspaket 3															
Arbeitspaket 4															
Arbeitspaket 5															
Arbeitspaket 6															
Arbeitspaket 7															

Beispiel für einen ausgefüllten Terminplan in der Tabelle Kalenderwochen

In der Tabelle markieren Sie die Zeiträume, die das Arbeitspaket belegt, und weisen dem zugehörigen Zellbereich mit Hilfe der Schaltfläche **Füllfarbe** der Format-Symbolleiste eine Hintergrundfarbe zu.

Die Tagespla-nung

Die übrigen Terminkalender sind ähnlich aufgebaut. **Tagesplanung_HJ1** zeigt die erste Hälfte des Jahres, **Tagesplanung_HJ2** die an diesen Zeitraum anschließenden restlichen Tage des Jahres, beginnend ab dem 1.7.2007.

Tagesplanung 2. Halbjahr

Projekt:

Teilprojekt / Arbeitspaket	01.07.2007	02.07.2007	03.07.2007	04.07.2007	05.07.2007	06.07.2007	07.07.2007	08.07.2007	09.07.2007	10.07.2007

Ausschnitt aus der Tagesplanung

Die Tabelle **Mehrjahresplan** ermöglicht es, bei komplexen Projekten die Dauer von einzelnen Projektteilen bzw. Arbeitspakete monatsweise anzuzeigen.

Der Mehrjahresplan

Kalenderwochen

Projekt:	2007												2008											
Teilprojekt / Arbeitspaket	Jan	Feb	Mrz	Apr	Mai	Jun	Jul	Aug	Sep	Okt	Nov	Dez	Jan	Feb	Mrz	Apr	Mai	Jun	Jul	Aug	Sep	Okt	Nov	Dez
Arbeitspaket 1																								
Arbeitspaket 2																								
Arbeitspaket 3																								
Arbeitspaket 4																								
Arbeitspaket 5																								
Arbeitspaket 6																								
Arbeitspaket 7																								
Arbeitspaket 8																								
Arbeitspaket 9																								
Arbeitspaket 10																								

Auszug aus einem Terminplaner für komplexere Projekte

Die Tabelle Projektplanung

Bei der Tabelle **Projektplanung** handelt es sich um ein Diagramm, das automatisch aus den Angaben der Tabelle **Teilprojekte** erstellt wird. Hintergründe zu den Excel-Techniken rund um dieses Arbeitsblatt finden Sie im Abschnitt „Excel-Know-how" dieses Kapitels.

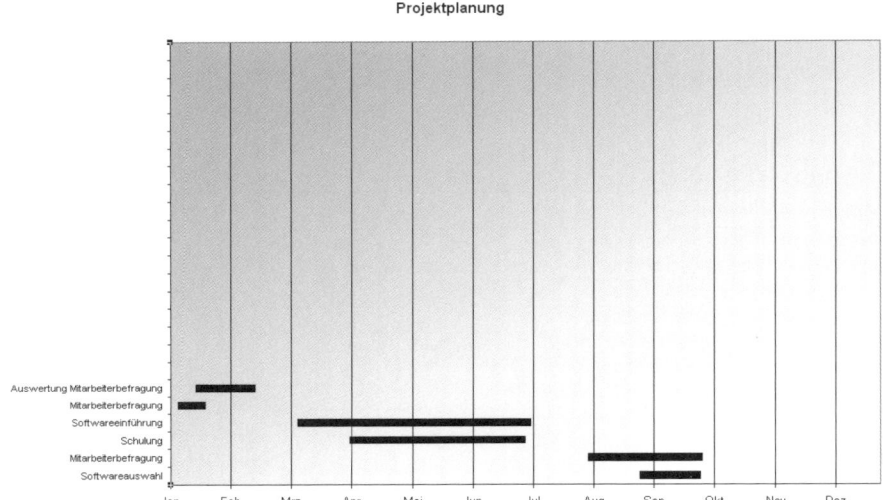

Die grafische Darstellung der Projektplanung

Die grafische Darstellung der Arbeitspakete erfolgt analog in der Tabelle **Projektplanung_AP**.

7.4 Excel-Know-how

Im Rahmen der Arbeitshilfen werden einige interessante Excel-Techniken eingesetzt, die wir Ihnen an dieser Stelle näher erläutern möchten. Dazu zählen diese Funktionen:

- Einrichten von Textfeldern mit Schatten
- Schaltflächen mit einem VBA-Makro verbinden
- Analyse-Funktion ARBEITSTAG
- Erstellen eines Gantt-Diagramms

So arbeiten Sie mit der Symbolleiste Zeichnen

Die Arbeitshilfe **PM_Strukturplan.xls** arbeitet mit schattierten Textfeldern und Linien. In diesem Zusammenhang gibt es einige Besonderheiten zu beachten.

Siehe CD-ROM

Um ein Textfeld mit Schatten zu hinterlegen, gehen Sie wie folgt vor:

Textfeld mit Schattierung

1. Ein Textfeld richten Sie mit Hilfe der **Zeichnen**-Symbolleiste ein. Diese blenden Sie über **Ansicht → Symbolleisten → Zeichnen** ein.
2. Klicken Sie auf die Schaltfläche **Textfeld** und ziehen Sie mit gedrückter linker Maustaste ein Textfeld auf.
3. Tragen Sie den gewünschten Text in das Textfeld ein. Der Cursor blinkt an der Eingabeposition.
4. Sollten Sie feststellen, dass der Textrahmen zu klein oder groß ist, können Sie ihn nachträglich über die Markierungspunkte anpassen.
5. Öffnen Sie über die Schaltfläche **Schattenart** in der Symbolleiste **Zeichnen** das Schattenauswahl-Menü. Wählen Sie dort einen passenden Schatten.

Eine Linie erzeugen Sie mit Hilfe der Schaltfläche **Linie** der Symbolleiste **Zeichnen**. Damit die Linie exakt gerade und senkrecht wird, halten Sie die **Umschalt**-Taste gedrückt und ziehen dann die Maus mit gedrückter linker Maustaste in die gewünschte Richtung.

So werden Ihre Linien gerade

Schaltflächen mit Makrocode verbinden

Im Baukasten zur Erstellung eines Strukturplans wurden Schaltflächen mit Makros verbunden. Dadurch ist es möglich, die Makros per Mausklick zu aktivieren. Eine solche Lösung realisieren Sie mit den folgenden Schritten:

1. Blenden Sie die Symbolleiste Formular über Ansicht → Symbolleisten ein.
2. Ziehen Sie mit Hilfe des Icons Schaltfläche aus der Symbolleiste Formular mit gedrückter linker Maustaste eine Schaltfläche auf.

3. Excel blendet automatisch den Dialog Makro zuweisen ein. Wenn Sie bis dahin noch keine Makros erstellt haben, verlassen Sie den Dialog über Abbrechen. Ansonsten markieren Sie das gewünschte Makro und verlassen das Fenster über die Schaltfläche OK.

4. Markieren Sie den vorgegebenen Text der Schaltfläche und überschreiben Sie diesen mit dem Text, den die Schaltfläche erhalten soll.

Der Makrocode

Die Schaltflächen **Teilaufgabe anlegen** bzw. **Arbeitspaket anlegen** sind in der Arbeitshilfe mit den Makros **Sub TA()** bzw. **Sub AP()** verbunden.

Der Makrocode, um das Textfeld **Teilaufgabe** einzurichten, lautet wie folgt:

```
Sub TA()
  ActiveSheet.Shapes("Text Box 5").Select
  Selection.Characters.Text = "TA: "
  With Selection.Characters(Start:=1, Length:=6).Font
    .Name = "Arial"
    .FontStyle = "Standard"
    .Size = 12
    .Strikethrough = False
    .Superscript = False
    .Subscript = False
    .OutlineFont = False
    .Shadow = False
    .Underline = xlUnderlineStyleNone
    .ColorIndex = xlAutomatic
  End With
  ActiveSheet.Shapes("Text Box 5").Select
  Selection.Copy
  Range("E4").Select
  ActiveSheet.Paste
End Sub
```

Mit dem folgenden Makrocode wird das Element **Arbeitspaket** angelegt:

```
Sub AP()
  ActiveSheet.Shapes("Text Box 8").Select
  Selection.Characters.Text = "AP:"
  With Selection.Characters(Start:=1, Length:=3).Font
    .Name = "Arial"
    .FontStyle = "Standard"
    .Size = 10
    .Strikethrough = False
    .Superscript = False
    .Subscript = False
    .OutlineFont = False
    .Shadow = False
    .Underline = xlUnderlineStyleNone
    .ColorIndex = xlAutomatic
  End With
  Selection.Copy
  Range("I4").Select
  ActiveSheet.Paste
End Sub
```

Die Analyse-Funktion ARBEITSTAG

Diese Funktion wird in der Arbeitshilfe **PM_Terminplan.xls** einge-setzt. Sie liefert ein Datum als serielle Zahl. Damit lassen sich die Termine dann vor und rückwärts berechnen.

Siehe CD-ROM

Nicht zu den Arbeitstagen gezählt werden Wochenenden sowie die Tage, die Sie als freie Tage definieren. Freie Tage, wie zum Beispiel gesetzliche Feiertage oder firmeninterne Brückentage, müssen Sie manuell erfassen. Die exakte Syntax der Funktion lautet:

ARBEITSTAG(Ausgangsdatum;Tage;Freie_Tage)

Ein Gantt-Diagramm erstellen

Im Gegensatz zu den manuell erstellten Terminplänen stellt das Ta-bellenarbeitsblatt **Projektplanung** die Projektzeiten automatisch dar. Dazu werden die Diagramm-Funktionen von Excel eingesetzt. Grundlage für das Diagramm ist die Tabelle **Teilprojekte**.

Für die Darstellung der Projektübersicht in Form eines Gantt-Diagramms ist es wichtig, dass die Ausgangstabelle so aufbereitet wird, dass Sie auf den Anfangswert und die Dauer der jeweiligen Projektzeiträume jederzeit zugreifen können.

Aus diesem Grunde müssen die Zeiten zwischen dem 1.1. eines Jahres und dem Starttermin des Projekts in der Tabelle vorliegen. Das ist in der Arbeitshilfe bereits der Fall. Außerdem muss die eigentliche Projektdauer berechnet und für den Zugriff bereitgestellt werden.

Die Zeit zwischen dem 1.1. eines Jahres und dem Starttermin des Teilprojekts wird mit Hilfe der folgenden Formel ermittelt:

=WENN(C6="";"";C6-$D$3)

Die Teilprojektdauer ergibt sich entsprechend unter Einsatz dieser Formel:

=WENN(D6="";"";D6-C6)

Die Funktion **WENN** finden Sie im Funktions-Assistenten im Bereich der logischen Funktionen. Mit ihrer Hilfe prüft das Tool, ob ein Projektstart eingetragen wurde. Sollte dies der Fall sein, bleibt der Inhalt der entsprechenden Zelle leer, ansonsten erfolgt eine Berechnung des Zeitraums.

Da die Zeiträume nur zur Darstellung im Diagramm benötigt werden, sind sie in der Tabelle selbst verborgen. Das erreichen Sie man, indem Sie der Schrift dieselbe Farbe zuweisen wie dem Zellhintergrund.

Zum Schluss werden die beiden Formeln nach unten kopiert. Orientieren Sie sich dabei an der Anzahl der Teilprojekte bzw. Arbeitspakete. In der Beispielanwendung können Sie bis zu 25 Teilprojekte bzw. Arbeitspakete verwalten. Benötigen Sie mehr Elemente, passen Sie das Tabellenarbeitsblatt entsprechend an.

Damit sind alle Vorbereitungsaufgaben abgeschlossen. Um die Zahlen grafisch darzustellen, führen Sie folgende Arbeitsschritte aus:

1. Markieren Sie zunächst den Bereich in Spalte **B**, der die Bezeichnungen enthält, und anschließend den Bereich in Spalte **E** mit den zugehörigen Zahlenwerten.
2. Klicken Sie die Schaltfläche **Diagramm-Assistent** in der **Standard**-Symbolleiste an. Sie gelangen in den ersten Schritt des Diagramm-Assistenten.
3. Excel stellt Ihnen verschiedene Diagrammtypen zur Verfügung, die sich für unterschiedliche Zwecke eignen. Wichtig ist, für das Projekt die richtige Diagrammform zu wählen. Um die Projektzeiten in Form eines Gantt-Diagramms zu zeigen, kann man zu einem Trick greifen. Entscheiden Sie sich für **Balkendiagramm**.
4. Wählen Sie den zweiten Untertyp **Gestapelte Balken**. Über die Schaltfläche **Weiter** gelangen Sie in den nächsten Schritt des Diagramm-Assistenten.
5. Im folgenden Fenster schalten Sie zur Registerkarte **Reihe** um. Dort müssen Sie die Reihen festlegen, einmal für den Zeitraum bis zum Teilprojektbeginn und zum anderen den eigentlichen Projektzeitraum.
6. Geben Sie für die Datenreihe des ersten Zwischenraumes unter **Name** die Zelle **E5**, unter **Werte** den darunter liegenden ausgefüllten Zellbereich an.
7. Die Beschriftung der **Rubrikenachse (x)** soll die Teilprojektnamen zeigen, also die Angaben aus Spalte **B**. Über die Schaltfläche **Hinzufügen** und **Entfernen** können Sie Datenreihen ergänzen beziehungsweise eliminieren. Klicken Sie auf **Hinzufügen**.
8. Für den Projektzeitraum tragen Sie unter **Name** die Zelle **F3**, unter **Werte** die darunter liegenden Zellen ein. Die **Beschriftung der Rubrikenachse** wird automatisch übernommen.
9. Nachdem Sie alle Reihen vollständig erfasst haben, können Sie ggf. überflüssig vorgeschlagene Reihen löschen. Klicken Sie danach auf **Weiter**.
10. Auf der Registerkarte **Titel** tragen Sie den Diagrammtitel zum Beispiel **Projektplan Travel-Management** ein. Schalten Sie zur

Registerkarte **Gitternetzlinien** um. Aktivieren Sie das Kontrollkästchen für **Hauptgitternetz** im Bereich **Größenachse**.

11. Auf der Registerkarte **Legende** deaktivieren Sie die Option **Legende anzeigen**.

12. Über die Schaltfläche **Weiter** gelangen Sie zum letzten Schritt des Diagramm-Assistenten.

13. Dort legen Sie fest, dass das Diagramm als neues Blatt angelegt werden soll. Sie können den vorgeschlagenen Namen beispielsweise mit **Projektplanung** überschreiben.

Zu diesem Zeitpunkt ist das Diagramm noch sehr unübersichtlich. Aus diesem Grund sollen lediglich die Projektzeiten angezeigt werden. Gehen Sie dazu wie folgt vor:

1. Die Zwischenräume werden mit einem kleinen Trick ausgeblendet. Klicken Sie im Diagramm die erste Datenreihe mit der rechten Maustaste an, um das Kontextmenü zu öffnen.

2. Wählen Sie den Eintrag **Datenreihen formatieren**, um in das gleichnamige Dialogfenster zu gelangen.

3. Wechseln Sie auf die Registerkarte **Muster** und klicken Sie im Bereich **Rahmen** und im Bereich **Fläche** jeweils die Optionsfelder **Keine** an.

4. Um die Zeichnungsfläche nicht in dem tristen Grau darzustellen, öffnen Sie die Dialogbox **Zeichnungsfläche formatieren** über den gleichnamigen Befehl aus dem Kontextmenü.

5. Legen Sie eine neue Hintergrundfarbe fest. Mit Hilfe der **Fülleffekte** können Sie Farbverläufe gestalten.

6. Öffnen Sie danach das Kontextmenü der x-Achse und wählen Sie den Befehl **Achsen formatieren**.

7. Wechseln Sie auf die Registerkarte **Skalierung**. Geben Sie unter **Minimum** die Ziffer **1**, unter **Maximum** für die Anzahl der Tage eines Jahres die Zahl **365**, unter **Hauptintervall 31** (Anzahl der Monatstage) und als **Hilfsintervall** wieder die Ziffer **1** an. Die **Rubrikenachse (x)** schneidet bei **0**.

8. Um zu erreichen, dass die Monatsnamen als Achsenbeschriftung erscheinen, legen Sie auf der Registerkarte **Zahlen** ein benutzerdefiniertes Format fest.

9. Wählen Sie zu diesem Zweck im Bereich **Kategorie** den Eintrag **Benutzerdefiniert**. Die Zeichenfolge **MMM** erfassen Sie im Feld **Typ**.

10. Bestätigen Sie die Einstellung durch einen Klick auf die Schaltfläche **OK**.

11. Durch einen Klick auf die Schaltfläche **Drucken** aus der **Standard**-Symbolleiste können Sie das Diagramm zu Papier bringen.

7.5 Zusammenfassung

Wichtige Teile der Projektarbeit sind:

* Projektstrukturplan
* Projektablaufplan
* Projektterminplan

Im **Projektstrukturplan** legen Sie die Struktur des Projekts fest. Sie unterteilen das Komplettpaket in kleinere Bausteine. Die Bausteine werden in der Fachsprache **Arbeitspakete** genannt.

Arbeitspakete sind Teile eines Projekts. Sie stellen die unterste Ebene des Projektstrukturplans dar. Ein Arbeitspaket sollte eine in sich geschlossene Aufgabe und ein eindeutig definierbares Ergebnis sein. Es sollte sich vollständig von einer Person bzw. Gruppe erledigen lassen, so weit wie möglich unabhängig von anderen Arbeitspaketen sowie planbar und kontrollierbar sein.

Im Rahmen der **Ablaufplanung** geht es ausschließlich um die Organisationskomponente. Hier wird noch nicht mit Terminen gearbeitet. Die Ablaufplanung schafft vielmehr die Voraussetzung für die Zeitplanung.

Meilensteine, auch Milestones genannt, dienen der Orientierung sowie Fortschrittsmessung und bezeichnen den Abschluss einer Projektphase. Da Meilensteine zeitbezogen sind, spielen sie insbesondere im Zusammenhang mit der Terminplanung eine bedeutende Rolle.

Mit Hilfe der Funktion **ARBEITSTAG** lassen sich Termine vor und rückwärts berechnen. Damit die Funktion zur Verfügung steht, muss das Kontrollkästchen **Analyse-Funktionen** im **Add-Ins-Manager** abgehakt sein.

Die Funktion **AUFRUNDEN** rundet Werte grundsätzlich auf.

Eine **WENN**-Funktion wird häufig zur Prüfung von Sachverhalten eingesetzt.

Um ein **Gantt-Diagramm** zu erzeugen, verwenden Sie den Diagrammtyp **Gestapelte Balken**.

8 Schritt 6: Ressourcen planen und Arbeitspakete schnüren

Das Projekt schreitet voran: Strukturen, Abläufe und Termine stehen. Als Nächstes geht es darum, den Arbeitspaketen die personellen und materiellen Ressourcen zuzuordnen. Das erledigen Sie im so genannten Ressourcenplan, der Ihnen gleichzeitig einen Überblick darüber verschafft, ob Mittel in ausreichendem Maße zur Verfügung stehen oder ob Bedarf besteht, um weitere Mittel zu kämpfen.

Begleitend zu diesem Kapitel stellen wir Ihnen nützliche Planungshilfen zur Verfügung, die Ihnen helfen sollen, die Arbeitspakete und Ressourcen optimal zu verteilen und zu verwalten.

8.1 Die Ressourcen

Der Ressourcenplan ordnet den Arbeitspaketen die personellen und materiellen Ressourcen zu.

Bei den personellen Ressourcen unterscheidet man zwischen diesen beiden Kategorien:

Die personellen Ressourcen

- Interne Mitarbeiter, Beschäftigte im Unternehmen, deren Kosten durch Löhne und Gehälter abgedeckt werden.
- Externe Mitarbeiter, die im Kostenplan zu berücksichtigen sind. Sie können als Arbeitshilfen wie materielle Arbeitsmittel verwaltet werden.

Die materiellen Arbeitsmittel, wie z. B. technische Ausstattungen, sind von Projekt zu Projekt unterschiedlich. Es kann sich um verschiedene Dinge handeln, wie beispielsweise:

Die materiellen Ressourcen

- Werkzeuge
- Computer

- Räume
- Fahrzeuge
- externe Dienstleister

8.2 So verwalten Sie Ihre Ressourcen

In der Praxis treten häufig Probleme auf, wenn es um den Einsatz von Ressourcen geht. Mal ist das dringend benötigte Werkzeug nicht verfügbar, mal der Projektmitarbeiter verhindert oder einige Mitarbeiter des Projekts erweisen sich schlicht als unfähig.

Agieren Sie rechtzeitig

Gerade solche Faktoren sind es aber, die den professionellen Ablauf von Projekten gefährden. Deshalb unsere Empfehlung: Kalkulieren Sie die Ressourcen, egal ob personelle oder materielle, nicht zu knapp. Sind Sie an Termine durch Dritte gebunden, agieren Sie rechtzeitig:

- Buchen Sie Ressourcen wie Tagungsräume, Mietwagen etc. rechtzeitig.
- Beliebte Seminare und Schulungen sind häufig schnell belegt. Kümmern Sie sich prompt um die Plätze, damit keine Verzögerungen durch Defizite beim Know-how entstehen können.
- Bestellen Sie ggf. Investitionen und Waren rechtzeitig. Kalkulieren Sie längere Lieferzeiten und mögliche Verzögerungen von Seiten der Lieferanten ein.
- Holen Sie notwendige Genehmigungen von Behörden frühzeitig ein.

Arbeitsaufträge schriftlich erstellen

Nachdem die einzelnen Mitarbeiter den verschiedenen Arbeitspaketen zugeordnet wurden, können die Arbeitsaufträge schriftlich erstellt werden. Dabei gilt es, folgende Aspekte zu beachten:

- Alle mit dem Projekt verbundenen Aufgaben und Strukturen müssen so genau wie möglich definiert werden. Dadurch weiß jeder, was er zu tun hat.

- Bei der Aufteilung der Arbeitspakete ist es wichtig, dass jedes Teammitglied sein Arbeitspaket akzeptiert. Lassen Sie die Arbeitspakete von den Verantwortlichen unterschreiben.

- Damit Sie nicht Gefahr laufen, dass jeder das Ziel anders versteht, ist dessen schriftliche Fixierung ein absolutes Muss. Das gilt für den Projektauftrag genau so wie für die einzelnen Arbeitspakete, die die verschiedenen Projektmitglieder übernehmen.

8.3 Die Arbeitshilfen zu diesem Kapitel

Begleitend zu diesem Kapitel stellen wir Ihnen nützliche Planungshilfen zur Verfügung, mit denen Sie die Arbeitspakete und Ressourcen optimal verwalten können. Die Arbeitshilfen bestehen aus den beiden Excel-Arbeitsmappen **PM_Ressourcenplan.xls** und **PM_Arbeitspaket.xls**.

Siehe CD-ROM

Die Arbeitspakete mit dem Ressourcenplan verwalten

Das Tool **PM_Ressourcenplan.xls** enthält folgende Tabellenarbeitsblätter:

Siehe CD-ROM

- Arbeitspaketeplan
- Arbeitshilfenplan
- Mitarbeiterplan
- Zuordnung_AP_Mitarbeiter
- Zuordnung_AP_Arbeitshilfen
- Personalabgleich
- Arbeitshilfenabgleich

In der Tabelle **Arbeitspaketeplan** werden die benötigten Mann-Stunden sowie erforderlichen Arbeitshilfen aufgelistet. Dort können Sie in das Tabellengrundgerüst eintragen, wie viele Stunden bzw. welche Arbeitshilfen Sie in welchem Umfang für das Projekt benötigen.

Die Tabelle Arbeitspaketeplan

Bei Bedarf fügen Sie durch einen Klick auf die Schaltfläche **Arbeitspaket hinzufügen** eine oder mehrere Zeilen ein.

Ressourcenbedarf Arbeitspakete

Projekt:

Paket Nr	Name	Mann Stunden	Arbeitshilfe 1	Arbeitshilfe 2
	Arbeitspaket 1			
	Arbeitspaket 2			
	Arbeitspaket 3			
	Arbeitspaket 4			
	Arbeitspaket 5			
	Arbeitspaket 6			
	Arbeitspaket 7			
	Arbeitspaket 8			
	Arbeitspaket 9			
	Arbeitspaket 10			
	Arbeitspaket 11			
	Arbeitspaket 12			

Hier wird der Ressourcenbedarf für die einzelnen Arbeitspakete festgehalten

Der Arbeitshilfenplan

Unter Arbeitshilfen verstehen wir in diesem Zusammenhang Arbeitshilfen jeglicher Art. Dabei kann es sich sowohl um externe Mitarbeiter als auch um Zugriff auf Materialien wie Literatur, Fahrzeuge, Werkzeuge usw. handeln.

Auch die Tabelle **Arbeitshilfen** können Sie bequem per Mausklick über die Schaltfläche **Arbeitspaket hinzufügen** erweitern.

Ressourcenplan Arbeitshilfen

Projekt:

Arbeitshilfe hinzufügen

Nr.	Name	Gesamtbedarf in Stunden	Gesamtbedarf Sonstiges	Einheit
1	Rainer Schmitt	20	4	
2	Marlies König	100	20	
3	Karen Leise	25	4	
	Arbeitshilfe 4			
	Arbeitshilfe 5			
	Arbeitshilfe 6			
	Arbeitshilfe 7			
	Arbeitshilfe 8			
	Gesamt	**145**		

Hier planen Sie die Arbeitshilfen in Stunden und bei Bedarf in weiteren Einheiten.

Die Tabelle **Mitarbeiterplanung** ist im Vergleich zu den beiden vor-
angegangenen Tabellen komplexer aufgebaut. Dort haben Sie die
Möglichkeit, die Mitarbeiter, die im Projekt zur Verfügung stehen,
genau zu verplanen. Dazu müssen Sie folgende Daten erfassen:

Die Mitarbeiter-
planung

- Pers-Nr.
- Name
- tägliche Beschäftigungszeit
- Projektanteil
- täglich zur Verfügung stehende Zeit
- Zeitraum von
- Zeitraum bis
- Arbeitstage
- Urlaubstage im Zeitraum
- Sonstige Fehlzeiten
- Nettotage
- Nettostunden

Ressourcenplan Mitarbeiter

Mitarbeiter hinzufügen

Projekt:

Pers-Nr.	Name	tgl. Beschäf-tigungs-zeit	Projekt-anteil	tgl. zur Verfügung stehende Zeit	Zeitraum von	Zeitraum bis	Arbeits-tage	Urlaubs-tage im Zeitrau m	Sonst. Fehl-zeiten	Netto-tage	Netto-stunden
1214	Anton Schulze	8	25%	2	01.05.2007	31.10.2007	127	10	2	115	230
2333	Karen Schmidt	8	30%	2,4	01.05.2007	31.10.2007	127	5	5	117	280
2255	Franz Rot	4	100%	4	01.05.2007	31.10.2007	127	15	40	72	288
	Gesamt			8,4			381	30		304	798

In dieser Tabelle wird der Stundenbedarf Schritt für Schritt errechnet.

Damit Sie stets einen aktuellen Überblick haben, bearbeiten Sie diese
Tabelle wie folgt:

1. Tragen Sie zunächst die Pers.-Nr., den Namen des Projektmitarbeiters sowie dessen tägliche Beschäftigungszeit in die Tabelle ein.
2. Die Teammitglieder eines Projekts stehen in der Regel nicht während des gesamten Projektzeitraums zu 100 % ihrer täglichen Arbeitszeit zur Verfügung. Aus diesem Grunde erfassen Sie den prozentualen Anteil, der im Schnitt täglich für die Projektarbeit zur Verfügung steht, in der Spalte **Projektanteil**.
3. Das Tool ermittelt automatisch die täglich zur Verfügung stehende Zeit als Produkt aus täglicher Beschäftigungszeit und dem prozentualen Projektanteil.
4. In den beiden folgenden Spalten werden die Stichtage erfasst, für die die Projektmitarbeiter zur Verfügung stehen. Die Termine **Zeitraum von** und **Zeitraum bis** können vom Projektstart- und Projektendetermin abweichen.
5. In der Spalte **Arbeitstage** zeigt das Tool die für den Zeitraum zur Verfügung stehenden Nettoarbeitstage an. Dabei werden nur die Wochentage abzüglich eventuell in den Zeitraum fallender Feiertage berücksichtigt.
6. Für den Fall, dass ein Projektmitarbeiter im Projektverlauf Urlaub nimmt, erfassen Sie die entsprechenden Daten in der Spalte **Urlaubstage im Zeitraum**.
7. Möglicherweise steht der Mitarbeiter an weiteren Arbeitstagen aus anderen Gründen nicht zur Verfügung. Diese erfassen Sie in der dafür vorgesehenen Spalte **Sonstige Fehlzeiten**.
8. Die Nettotage ermittelt die Arbeitshilfe ebenfalls automatisch. Sie ergeben sich aus den Arbeitstagen abzüglich der Urlaubstage und der sonstigen Fehlzeiten.
9. In der Spalte Nettostunden weist das Tool die Nettoarbeitsstunden als Produkt von Nettotagen und der täglich zur Verfügung stehenden Zeit aus.

Zuordnung von Mitarbeitern zu den einzelnen Arbeitspaketen

Die Tabellen **Zuordnung_AP_Mitarbeiter** und **Zuordnung_AP_Arbeitshilfen** sind identisch aufgebaut. Sie zeigen die Zuordnung von Mitarbeitern zu den einzelnen Arbeitspaketen.

Zuordnung von Mitarbeitern zu Arbeitspaketen

Projekt:										Mitarbeiter hinzufügen									
										Arbeitspakete hinzufügen									
Nr.	Bezeichnung	Mitarbeiter 1	Mitarbeiter 2	Mitarbeiter 3	Mitarbeiter 4	Mitarbeiter 5	Mitarbeiter 6	Mitarbeiter 7	Mitarbeiter 8	Mitarbeiter 9	Mitarbeiter 10	Mitarbeiter 11	Mitarbeiter 12	Mitarbeiter 13	Mitarbeiter 14	Mitarbeiter 15	Anzahl Mitarbei
	Arbeitspaket 1	x															1
	Arbeitspaket 2		x	x													2
	Arbeitspaket 3				x												1
	Arbeitspaket 4					x											1
	Arbeitspaket 5				x		x										2
	Arbeitspaket 6								x	x	x						3
	Arbeitspaket 7						x					x					2
	Arbeitspaket 8											x	x		x		3
	Arbeitspaket 9													x		x	2

Diese Übersicht ordnet den Arbeitspaketen Mitarbeiter zu.

In der letzten Spalte dieser Tabelle wird ausgewiesen, wie viele Mitarbeiter an einem Arbeitspaket beteiligt sind bzw. wie viele Arbeitshilfen benötigt werden. Sie können die Tabelle beliebig um weitere Spalten bzw. Zeilen erweitern.

Nachdem Sie festgelegt haben, wie viele Ressourcen benötigt werden und wie viele Ressourcen letztendlich zur Verfügung stehen, kann ein Ressourcenabgleich gestartet werden. Die Auswertungen zeigen die Tabellen **Personalabgleich** und **Arbeitshilfenabgleich**.

Ressourcenabgleich von Projektmitarbeitern und Arbeitshilfen

Während in der Tabelle **Personalabgleich** alle Informationen aus den bereits vorhandenen Tabellenarbeitsblättern mit Hilfe von Formeln übernommen werden, müssen Sie in der Tabelle **Arbeitshilfenabgleich** die Ist-Daten noch manuell erfassen.

Ressourcenabgleich Projektmitarbeiter auf Stundenbasis

Projekt: Einführung Travel-Managementsystem

Stundenbedarf interner Projektmitarbeiter	
Vorhandene Ressourcen Projektmitarbeiter	1079
Differenz	1079,00

Diese Tabelle zeigt, ob die personellen Ressourcen ausreichen.

Ressourcenabgleich Arbeitshilfen auf Stundenbasis

Projekt:

Bezeichnung	Soll	Ist	Differenz
Meyer	155	100	-55,00
Rübisch	80	50	-30,00
Kemer	100	150	50,00
Mangold	40	45	5,00
Braun	75	74	-1,00
Müller	50	100	50,00
Arbeitshilfe 7			
Arbeitshilfe 8			
Arbeitshilfe 9			
Arbeitshilfe 10			

Stundenabgleich für materielle Ressourcen

Die einzelnen Arbeitspakete verwalten

Arbeitspakete sind Teilaufgaben des Projekts, die nicht weiter untergliedert werden. Sie werden nach Möglichkeit in die Verantwortung einer einzigen Person gegeben. Arbeitspaketaufträge sollten folgende Informationen enthalten:

- Zielsetzung
- Aufgabenstellung
- Erwartetes Ergebnis
- Fertigstellungstermin
- Rahmenbedingungen (Schnittstellen, Risiken)
- Ressourcen
- Aktivitäten

Siehe CD-ROM

Die Tabelle **Arbeitspaketliste** der Arbeitshilfe **PM_Arbeitspakete.xls** berücksichtigt diese Punkte.

Arbeitspaketbeschreibung	
Projekt	
Teilprojekt	
Arbeitspaket	
Zielbeschreibung	
Aufgabenstellung	
Erwartetes Ergebnis Fertigstellungstermin	

Der obere Teil der Arbeitspaketbeschreibung

Das Formular eignet sich sowohl zum Ausfüllen von Hand als auch zum Ausfüllen direkt am PC. Möchten Sie das Formular am PC ausfüllen, erhalten Sie durch einen Klick auf die Schaltfläche **Neues Formular generieren** eine weitere Arbeitspaketbeschreibung.

Im unteren Teil des Formulars ist vorgesehen, dass sowohl der Projektleiter als auch der Verantwortliche für das Arbeitspaket und die Kenntnisnahme mit ihrer Unterschrift bestätigen.

Voraussetzungen Schnittstellen Risiken	
Verfügbare Ressourcen Personal Material Budget	
Aktivitäten	
Unterschrift Projektleiter	*Datum, Unterschrift des AP-Verantwortlichen*

Der untere Teil der Arbeitspaketbeschreibung

8.4 Excel-Know-how

Siehe CD-ROM

Die wichtigsten Excel-Techniken, Formeln und Funktionen, die in den beiden Arbeitshilfen **PM_Ressourcenplan.xls** und **PM_Arbeitspaket.xls** eingesetzt werden, haben wir in den nächsten Abschnitten für Sie zusammengefasst und zum besseren Verständnis noch näher erläutert.

Wichtige Formeln und Funktionen der Arbeitshilfen

Zur besseren Übersicht finden Sie die wichtigsten Formeln der Arbeitshilfen in der folgenden Tabelle aufgelistet. In der Spalte **Erläuterung** wird jede aufgeführte Formel noch näher erklärt:

Tabelle	Zelle	Formel	Erläuterung
Arbeitspaketeplan	C37	=SUMME(C5:C36)	Summe der Mann-Stunden. Die Formel kann in die Nachbarzellen kopiert werden.
Arbeitshilfenplan	C22	=SUMME(C5:C21)	Summe der benötigten Stunden für Arbeitshilfen
Mitarbeiterplan	E5	=C5*D5	Tatsächlich zur Verfügung stehende tägliche Arbeitszeit
Mitarbeiterplan	H5	=NETTOARBEITSTAGE(F5; G5;Feiertage!A5:A17)	Anzahl der zur Verfügung stehenden Arbeitstage im angegebenen Zeitraum
Mitarbeiterplan	k5	=H5-I5-J5	Nettoarbeitstage als Differenz aus zur Verfügung stehenden Arbeitstagen abzüglich Urlaub und sonstigen Fehltagen
Mitarbeiterplan	L6	=ABRUNDEN(K5*E5;0)	Nettoarbeitszeit in Stunden
	E21	=SUMME(E5:E20)	Summe der täglich zur Verfügung stehenden Mitarbeiterstundenzahl. Die Formel konnte – soweit erforderlich - in die Nachbarspalten kopiert werden.
Zuordnung_AP_Mitarbeiter	R5	=ZÄHLENWENN(C5:Q5; "x")	Zählt die Mitarbeiter pro Arbeitspaket
Zuordnung_AP_Arbeitshilfe	R5	=ZÄHLENWENN(C5:Q5; "x")	Zählt die benötigten Arbeitshilfen pro Arbeitspaket
Personalabgleich	B5	=Arbeitspaketeplan!C37	Holt den Wert Stundenbedarf interner Mitarbeiter aus der Tabelle Arbeitspaketeplan

Tabelle	Zelle	Formel	Erläuterung
Personalabgleich	**B7**	=Mitarbeiterplan!L21	Holt den Wert der vorhandenen Stundenkapazität aus der Tabelle Mitarbeiterplan.
Personalabgleich	**B6**	=Arbeitspaketeplan!C35	Der Stundenbedarf an internen Projektmitarbeitern wird aus der Tabelle Arbeitspaketeplan übernommen. Der Vergleichswert wird durch eine entsprechende Formel in die Tabelle geholt.
Personalabgleich	**B9**	=B7-B5	Vergleicht die notwendige Projektstundenzahl mit den vorhandenen Ressourcen.
Arbeitshilfenabgleich	**B6**	=Arbeitspaketeplan!D35	Der Ressourcenbedarf für die erste Arbeitshilfe wird aus der Tabelle Arbeitspaketeplan übernommen. Die weiteren Werte werden auf entsprechende Art und Weise gebildet.

Die wichtigsten Formeln der Arbeitshilfen mit Erläuterungen

In den Arbeitshilfen zu diesem Kapitel werden folgende Funktionen eingesetzt:

* NETTOARBEITSTAGE
* ZÄHLENWENN
* ABRUNDEN

Die Funktion Nettoarbeitstage

Die Funktion **NETTOARBEITSTAGE** liefert die Anzahl ganzer Arbeitstage zwischen einem Ausgangsdatum und einem Enddatum. Wochenenden werden automatisch abgezogen, ebenso die Tage, die

Sie in einem ausgewählten Tabellenbereich oder einer separaten Tabelle als Feiertage angeben.

Feiertage

Ergänzen Sie die Liste der Feiertage ggf. um Feiertage Ihres Bundeslandes und um die Brückentage Ihres Unternehmens:

1. Januar 2007
6. Januar 2007
6. April 2007
9. April 2007
1. Mai 2007
17. Mai 2007
28. Mai 2007
7. Juni 2007
15. August 2005
3. Oktober 2007
1. November 2005
25. Dezember 2007
26. Dezember 2007

Feiertage werden von der Funktion **NETTOARBEITSTAGE** *nicht berücksichtigt.*

Die exakte Syntax der Funktion lautet:

NETTOARBEITSTAGE(Ausgangsdatum;Enddatum;Freie_Tage)

Die Funktion **NETTOARBEITSTAGE** gehört zu den **Analyse-Funktionen**, die nicht standardmäßig bei der Installation von Office auch auf jedem Rechner aktiviert bzw. mitinstalliert werden. Sollte das bei Ihnen der Fall sein, beachten Sie den folgenden Hinweis.

| **Hinweis**

Sollte die Funktion **NETTOARBEITSTAGE** auf Ihrem Rechner nicht zur Verfügung stehen, müssen Sie die Option **Analyse-Funktionen** im **Add-Ins-Manager** aktivieren. Ist dieser Eintrag cort nicht vorhanden, starten Sie das Setup-Programm von Office, um das Add-In-Makro **Analyse-Funktionen** nachträglich zu installieren. Nach erfolgter Installation müssen Sie die Analyse-Funktionen dann noch aktivieren.

Die Funktion
ZÄHLENWENN

Die Funktion **ZÄHLENWENN** wird immer dann eingesetzt, wenn Sie wissen möchten, wie viele Einträge einer Liste einem bestimmten Kriterium entsprechen. So zum Beispiel: „Wie häufig erscheint der Eintrag „x"?"

Die exakte Syntax der Funktion **ZÄHLENWENN** lautet:

ZÄHLENWENN(Bereich;Kriterien)

Die Funktion
ABRUNDEN

Die Funktion **ABRUNDEN** rundet Zahlenwerte grundsätzlich auf die gewünschte Anzahl Nachkommastellen ab. Die Funktion arbeitet mit folgender Syntax:

Abrunden(Zahl;Anzahl_Stellen)

Die Makros der Tools

VBA-Makros

In den Arbeitshilfen zum Kapitel werden verschiedene VBA-Makros eingesetzt. Sie müssen nicht unbedingt über tiefere VBA-Kenntnisse verfügen. Möchten Sie jedoch ein Makro ändern, finden Sie in der folgenden Übersicht den Code und entsprechende Hinweise.

Arbeitshilfe und Makro	VBA-Code	Erläuterung

PM_Ressourcenplan.xls Sub Zeile_Einfügen	Sub Zeile_Einfügen
	  Rows("6:6").Select
	  Selection.Insert Shift:=xlDown
	  Range("B6").Select
	End Sub
		Mit Hilfe dieses Makros fügen Sie in den einzelnen Tabellen eine neue Zeile ein.

PM_Ressourcenplan.xls Sub Spalte_Einfügen	Sub Spalte_einfügen
	  Columns("D:D").Select
	  Selection.Insert Shift:=xlToRight
	End Sub
		Mit Hilfe dieses Makros fügen Sie in den einzelnen Tabellen eine neue Spalte ein.

PM_Ressourcenplan.xls Sub Zuord-nung_Einfügen	Sub Zuordnung_Einfügen
	  Rows("6:6").Select
	  Selection.Insert Shift:=xlDown
	  Range("C5:IV5").Select
	  Selection.Copy
		Komplizierter ist das Einfügen in den Zuordnungsta-bellen, da eine For-mel kopiert werden muss.

Arbeitshilfe und Makro	VBA-Code	Erläuterung
	Range("C6").Select ActiveSheet.Paste Range("A4").Select Application.CutCopyMode = False End Sub	
PM_Ressourcenplan.xls Sub MitarbeiterEinfügen	Sub MitarbeiterEinfügen ActiveSheet.Unprotect Rows("6:6").Select Selection.Insert Shift:=xlDown Range("E5:L5").Select Selection.Copy Range("E6").Select ActiveSheet.Paste Range("A5").Select Application.CutCopyMode = False ActiveSheet.Protect DrawingObjects: _ =True, Contents:=True, Scenar- ios:=True End Sub	Mit diesem Makro wird der Blatt-schutz aktiviert und deaktiviert. Darüber hinaus werden beim Ein-fügen von Zeilen Formeln kopiert.
PM_Arbeitspaket.xls Sub NeuesFormular	Sub NeuesFormular Sheets("Formular").Visible = True Sheets("Formular").Select Sheets("Formular").Copy _ Before:=Sheets(6) Sheets("Formular").Select ActiveWindow.SelectedSheets.Visible _ = False End Sub	Das Makro erzeugt ein neues Formular auf der Basis eines ausgeblendeten Tabellenarbeits-blattes.

Die Makros der Arbeitshilfen mit Erläuterungen

In Sachen **Layout** gibt es eine Besonderheit in der Arbeitshilfe **PM_Ressourcenplan.xls** in der Tabelle **Personalabgleich**. Damit fehlende Ressourcen direkt ins Auge springen, erscheinen negative Zahlen automatisch in roter Schrift.

Besonderheit beim Layout

Die entsprechende Formatierung erreichen Sie über die Menübefehle **Format → Zellen → Zellen formatieren**. Wechseln Sie auf die Registerkarte **Zahlen**. Dort entscheiden Sie sich für die Kategorie **Zahl** und unter **Negative Zahlen** für den vierten Eintrag im Auswahlfeld.

8.5 Zusammenfassung

Im **Ressourcenplan** müssen Sie sowohl **personelle** als auch **materielle** Ressourcen ins Kalkül ziehen.

Bei den personellen Ressourcen werden interne und externe Mitarbeiter unterschieden.

Materielle Ressourcen sind zum Beispiel Computer, Werkzeuge oder Fahrzeuge.

Beachten Sie: Engpässe sind potenzielle Risikofaktoren für das Projekt. Klären Sie den Ressourcenbedarf im Vorfeld.

Kalkulieren Sie die Ressourcen, egal ob personelle oder materielle, nicht zu knapp. Sind Sie an Termine durch Dritte gebunden, agieren Sie rechtzeitig.

Sobald Sie wissen, welcher Projektmitarbeiter an welchem Arbeitspaket beteiligt ist, können die Arbeitsaufträge geschrieben werden. Im Zusammenhang mit Arbeitspakten ist es wichtig, dass jeder Beteiligte das vorgesehene Arbeitspaket auch akzeptiert.

Die Funktion **NETTOARBEITSTAGE** liefert die Anzahl ganzer Arbeitstage zwischen einem Ausgangsdatum und einem Enddatum.

Die Funktion **ZÄHLENWENN** wird immer dann eingesetzt, wenn Sie wissen wollen, wie viele Einträge einer Liste einem bestimmten Kriterium entsprechen.

Die Funktion **ABRUNDEN** rundet Zahlenwerte auf die gewünschte Anzahl Nachkommastellen ab.

9 Schritt 7: Projektkosten planen

Unternehmen müssen ihre Kosten regelmäßig planen und kalkulieren. Das gilt selbstverständlich auch für Projekte. Im Rahmen der Planung spielt der Kostenplan eine bedeutende Rolle.

Häufig fallen aber gerade in Projekten die Kosten deutlich höher aus, als ursprünglich angenommen. Deshalb ist es wichtig, die Kostenplanung systematisch anzugehen und bereits im Vorfeld mögliche Kostenfallen zu erkennen und zu eliminieren. Dabei sollten Sie auch die normal üblichen Kostensteigerungen während eines Projektzyklus nicht außer Acht lassen.

Kostenfallen frühzeitig erkennen

Zu diesem Kapitel haben wir wieder entsprechende Arbeitshilfen für Sie zusammengestellt. Außerdem gibt es Tipps, wer Ihnen als Ansprechpartner bei der Planung der verschiedenen Kostenarten hilfreich zur Seite stehen kann.

9.1 Die finanzielle Belastung abschätzen

Für jedes Projekt gibt es ein Budget. Ob dieses Budget realistisch ist, dazu ermöglicht letztendlich die Kostenplanung, die so detailliert wie möglich durchgeführt werden sollte, eine Aussage. Dabei gilt es, zunächst einmal Übersicht zu schaffen und den Wust der anfallenden Kostenfaktoren zu strukturieren, sodass der Plan zu späteren Soll/Ist-Vergleichen herangezogen werden kann.

Die Kostenplanung

Natürlich kann sich niemand vor den normalen Kostensteigerungen schützen, die vor allem bei längerfristigen Projekten anfallen. Trotzdem sollten Sie gewisse Puffer einbauen, um vor unliebsamen Überraschungen gefeit zu sein.

Ausgangspunkt der Kostenplanung, die Sie in diesem Kapitel genauer betrachten, sind die fertig gestellten Arbeitspakete. Die Kosten der

Ausgangspunkt der Kostenplanung

untersten Ebene des Gesamtprojekts werden dann in einem Gesamtplan verdichtet.

9.2 Exkurs: Wesentliches aus der Kostenrechnung

Die Kostenrechnung

Die Kostenrechnung ist ein Zweig des Rechnungswesens. Die Kostenstellenrechnung gehört neben der Kostenartenrechnung und Kostenträgerrechnung zu den Aufgaben der Kostenrechnung:

- Die **Kostenstellen** sind die Orte der Kostenentstehung. Dabei handelt es sich um betriebliche Teilgebiete eines Gesamtunternehmens, für die die Kosten gesondert ermittelt werden. Die Kostenstellenrechnung zeigt, welche Tätigkeitsbereiche, welche Stellen und welche Positionen Kosten verursachen. Im Rahmen der Projektarbeit spielen Kostenstellen in der Regel eine untergeordnete Rolle. Es sei denn, für das Projekt selbst wird eine Kostenstelle eingerichtet.

- **Kostenarten** sind die einzelnen Kostenkategorien wie Materialkosten, Löhne, Gehälter, Energien usw. Sie sind in der Praxis oft identisch mit den Konten der Buchhaltung. Außerdem müssen Kosten nach ihrer Abhängigkeit von der Beschäftigung in fixe und variable Bestandteile unterschieden werden. Für die Kostenplanung im Rahmen des Projektmanagements haben Kostenarten eine hohe Relevanz.

- **Kostenträger**, der Name sagt es bereits, tragen die Kosten. Das können zum Beispiel Kunden oder Produkte, aber auch Zeiträume oder Projekte sein. Im Rahmen der Kostenträgerrechnung werden Kostenträgerstückrechnung und Kostenträgerzeitrechnung unterschieden. Für das Projektmanagement spielen Kostenträger eine untergeordnete Rolle, es sei denn, ein Projekt selbst wird als Kostenträger definiert. Die in diesem Zusammenhang auftretenden Probleme betreffen allerdings in erster Linie das Rechnungswesen und nicht das Projektteam.

Die Kostenarten

Die anfallenden Kostenarten sind von Projekt zu Projekt unterschiedlich. Häufig relevante Kostenarten sind:

Häufig relevante Kostenarten

- Materialkosten
- Personalkosten einschl. Sozialkosten
- Fremdleistungen
- Zinsen
- Steuern und Abgaben
- Raumkosten
- Energiekosten
- Reparaturkosten
- Schulungskosten
- Fuhrparkkosten
- Versicherungen
- Verpackungen
- Frachten
- Mieten
- Reisekosten
- Sonstige Kosten

Anschaffungskosten

Auch der Begriff Anschaffungskosten spielt im Zusammenhang mit Projekten eine wichtige Rolle. Neben dem Anschaffungspreis müssen Anschaffungsnebenkosten, nachträgliche Anschaffungskosten und ggf. Anschaffungspreisminderungen berücksichtigt werden.

Die Anschaffungskosten setzen sich wie folgt zusammen:

Anschaffungspreis

+ Anschaffungsnebenkosten

+ nachträgliche Anschaffungskosten

− Anschaffungspreisminderungen

= Anschaffungskosten

9.3 Diese Schwierigkeiten kommen auf Sie zu

Wenn betriebliche Kosten geplant werden, werden in der Praxis die voraussichtlich anfallenden Kosten häufig mit den Istkosten der Vergangenheit verglichen. Da Projekte einzigartig sind, ist die Ermittlung von Plankosten viel schwieriger als in anderen betrieblichen Bereichen. Dennoch müssen Plankosten detailliert, gewissenhaft und nach strengen Prinzipien ermittelt werden.

Die Plankosten Die Bildung der Plankosten selbst sollte in enger Zusammenarbeit mit den Verantwortlichen der einzelnen Arbeitspakete erfolgen. Nur, wenn die für das Arbeitspaket verantwortlichen Mitarbeiter die Vorgabewerte als erreichbar akzeptieren, macht es Sinn, diese in den Kostenplan aufzunehmen.

Das Arbeitspaket als Ausgangspunkt

Damit sind wir auch schon am Ausgangspunkt der Kostenplanung. Beginnen Sie bei der Zusammenstellung der Kosten mit der kleinsten Projekteinheit, im diesem Fall also mit den Arbeitspaketen.

Für jedes Arbeitspaket müssen folgende Kostenarten vorgegeben werden: Personalkosten, Materialkosten, Werkzeugkosten, Schulungskosten, Sonstige Kosten.

Planung Arbeitspaketkosten

Projektbezeichnung:

Neues Planformular anlegen

Arbeitspaketbezeichnung: Arbeitspaket-Nr.

Kostenart	Ressour-cenart	Ursprungsplan				Angepasster Plan				Abweichung Ursprungsplan / angepasster Plan
		Menge	Einheit	Einzel-preis	Gesamt-preis	Menge	Einheit	Einzel-preis	Gesamt-preis	
Personalkosten										
Materialkosten										
Werkzeugkosten										
Schulungskosten										
Sonstige Kosten										
Gesamt										

Mit der „Kostenplanung Arbeitspaketkosten" können Sie die Kosten pro Arbeitspaket ermitteln

Zum Schluss müssen Sie nur noch die geplanten Kosten der einzelnen Arbeitspakete zusammenrechnen und schon steht der Kostenplan. Was auf den ersten Blick recht einfach erscheint, hat in der Praxis allerdings so seine Tücken.

Hier finden Sie die Informationen

Zunächst einmal ist es nicht immer einfach, an die gewünschten Informationen zu gelangen. Da eine Planung zukunftsbezogen ist, setzt das Festlegen von Planungsentscheidungen Kenntnisse über wirtschaftliche Daten vielfältigster Art voraus. Eine vollkommene Information, also die Ermittlung aller Daten mit absoluter Sicherheit, wird es in der Praxis kaum geben.

Sie haben es in der Regel eher mit unsicheren Erwartungen und Risiken zu tun. Je weiter der zu planende Zeitraum vom aktuellen Zeitpunkt entfernt ist, desto ungenauer werden in der Regel die entsprechenden Aussagen, was die Preise anbelangt. Unvorhersehbare Situationen können die realen Werte abweichen lassen. Dann stimmen möglicherweise die geschätzten Mengen nicht mehr.

Anlaufstellen In den meisten Projekten ist der Sachverhalt aber oft nicht so kompliziert. Außerdem gibt es im eigenen Unternehmen häufig verschiedene Anlaufstellen, die bei der Informationsbeschaffung helfen können:

- **Personalkosten**: Zur Ermittlung von Personalkosten ist in der Regel die Personalabteilung der richtige Ansprechpartner. Dort erhalten Sie u. a. Informationen im Hinblick auf die Stundensätze.

- **Materialkosten**: Bei der Beschaffung von Materialpreisen sollten Sie sich an die Einkaufsabteilung Ihres Unternehmens wenden. Falls kein Mitarbeiter der Einkaufsabteilung zum Projektteam gehört, sollten Sie sich hier unbedingt Tipps geben lassen, was das Einholen von Angeboten und die Verhandlungen mit Zulieferern anbelangt.

- **Werkzeugkosten**: Auch wenn Sie Leihgeräte benötigen, ist i. d. R. der Einkauf der richtige Ansprechpartner.

- **Schulungskosten**: Hier ist das Internet eine fast unerschöpfliche Informationsquelle. In der Regel finden Sie die Preise auf den Seiten der verschiedenen Seminaranbieter.

- **Sonstige Kosten**: Je nach Kosten helfen Buchhaltung (z. B. bei Reisekosten), Personalabteilung, allgemeine Verwaltung (z. B. bei Versicherungen) oder das Internet weiter.

Praxis: Der Plan passt nicht

Wenn der Plan nicht passt, ergeben sich Abweichungen. In der Mathematik ist die Abweichung eine statistische Kenngröße. In der Regel wird mit folgenden beiden Abweichungsgrößen gearbeitet:

- absolute Abweichung
- relative Abweichung

Die absolute Abweichung ist die Differenz von Soll- und Istzahlen bzw. ursprünglichen Planzahlen und angepassten Planzahlen. Angenommen Sie haben Plankosten in Höhe von 10.000 EUR prognostiziert, tatsächlich fallen Ausgaben von 9.500 EUR an. Daraus ergibt sich eine positive Abweichung von 500 EUR. Liegen die Plankosten beispielsweise bei 5.000 EUR, die Istkosten bei 6.000 EUR, wird eine negative Abweichung von 1.000 EUR ausgewiesen.

Die absolute Abweichung

Die relative Abweichung entspricht der prozentualen Abweichung, also die Abweichung bezogen auf 100 Einheiten. Für Plankosten in Höhe von 10.000 EUR und eine Abweichung von 500 EUR entspricht das einer relativen Abweichung von 5 %.

Die relative Abweichung

In der Praxis zeigt sich immer wieder: Es ergeben sich Änderungen im Kostenplan. Die notwendigen Anpassungen können die unterschiedlichsten Ursachen haben, preis- oder mengenbedingt sein. Egal, aus welchem Grund Abweichungen auftreten: Sie sollten in jedem Fall die Planwerte bei neuen Erkenntnissen immer wieder anpassen. Optimal ist es, Planänderungen bereits in den Planformularen vorzusehen.

9.4 Die Arbeitshilfe zu diesem Kapitel

Die Arbeitshilfe **PM_Kostenplan.xls** soll Ihnen bei der Feststellung und Überwachung der Planzahlen helfen. Sie beinhaltet folgende Tabellenarbeitsblätter:

Siehe CD-ROM

- Arbeitspaketkosten
- Kostenplan
- Anschaffungskosten
- Formular (verdeckte Tabelle „Arbeitspaketkosten" zu Vervielfältigungszwecken)

Nebenrechnung zur Ermittlung der Anschaffungskosten	
Zu beschaffendes Wirtschaftsgut	
Notebook	
Anschaffungspreis	989,00 €
Anschaffungsnebenkosten	25,00 €
nachträgliche Anschaffungskosten	10,00 €
Anschaffungspreisminderung	5,00 €
Anschaffungskosten	**1.019,00 €**

Rechenhilfe zur Ermittlung der Anschaffungskosten

Die Tabelle Arbeitspaketkosten

Die Tabelle **Arbeitspaketkosten** ermöglicht die Planung unterschiedlicher Kostenarten und Ressourcen. Sie verlangt zunächst folgende Angaben:

- Projektbezeichnung
- Arbeitspaketbezeichnung
- Arbeitspaket-Nr.

Die Tabelle setzt sich zusammen aus einem Ursprungsplan und einem angepassten Plan. Die Daten aus dem Ursprungsplan werden automatisch mit Hilfe von Formeln in den angepassten Plan übernommen, sodass Eintragungen in den angepassten Plan nur an den Positionen notwendig sind, in denen sich tatsächlich etwas ändert.

Kostenart	Ressourcenart	Menge	Einheit	Einzelpreis	Gesamtpreis
Personalkosten	Unternehmens- berater	25	Std.	150,00 €	3.750,00 €
Materialkosten	Software	5	Stück	950,00 €	4.750,00 €
Werkzeugkosten					
Schulungskosten	Seminar	3		750,00 €	2.250,00 €
Sonstige Kosten					
Gesamt					**10.750,00 €**

Beispiel zur Planung von Arbeitspaketkosten

Um die Projekt- und Arbeitspaketdaten mit der Tabelle zu erfassen, führen Sie folgende Arbeitsschritte durch:

Die Projekt- und Arbeitspa- ketdaten erfas- sen

1. Erfassen Sie zunächst die Projekt- und Arbeitspaketdaten. Anschließend tragen Sie die zu planenden Ressourcen in die entsprechenden Rubriken der Kostenarten ein. Es ist nicht zwingend erforderlich, jede Kostenart zu planen.
2. Im nächsten Schritt geben Sie Menge, Einheit und Einzelpreis für jede zu planende Ressource ein.
3. Der Gesamtpreis wird automatisch mit Hilfe einer Formel ermittelt. Das gilt auch für die Gesamtkosten des Projekts.
4. Sollten sich im Verlaufe des Projekts Änderungen ergeben, überschreiben Sie den entsprechenden Wert im Bereich **Angepasster Plan**. Abweichungen zwischen angepasstem Plan und Ursprungsplan werden automatisch in der Spalte **Abweichungen** ausgewiesen.

Angepasster Plan				Abweichung Ursprungsplan / angepasster Plan
Menge	Einheit	Einzel-preis	Gesamt-preis	

*Bei Änderungen arbeiten Sie mit dem Bereich **Angepasster Plan**.*

Der Kostenplan zur Ermittlung der gesamten Projektkosten

Die Plandaten der einzelnen Arbeitspakete werden in einem Gesamtplan in der Tabelle **Kostenplan** verdichtet. Um den Arbeitsaufwand so gering wie möglich zu halten, werden nur die Gesamtwerte gesammelt. Das bedeutet, die einzelnen Kostenarten werden an dieser Stelle nicht erfasst.

Theoretisch wäre es natürlich auch möglich, die einzelnen Kostenarten in den Kostenplan zu integrieren. Das würde den Verwaltungsaufwand aber unnötig erhöhen und darüber hinaus zu Lasten der Übersicht gehen. Deshalb haben wir in der Arbeitshilfe darauf verzichtet.

Planung Projektkosten							
Projektbezeichnung:				Zeile einfügen			
Arbeits-paket Nr.	Arbeitspaket-Bezeichnung	ursprüngliche Plankosten	Anteil an den Gesamtkosten	angepasste Plankosten	Anteil an den Gesamtkosten	absolute Abweichung	relative Abweichung
Gesamt							

*Im **Kostenplan** werden die gesamten Plankosten der einzelnen Arbeitspakete verdichtet.*

Um die Gesamtkosten für das Projekt in der Tabelle **Kostenplan** zu ermitteln, benötigen Sie sämtliche Spalten der Tabelle. Eingaben müssen Sie aber nur in den Spalten **Arbeitspaket-Nr.**, **Arbeitspaket-Bezeichnung**, **ursprüngliche Plankosten** und ausschließlich im Fall von Änderungen in der Spalte **angepasste Plankosten** vornehmen.

Die übrigen Werte werden nach folgenden Vorgaben automatisch vom Tool ermittelt:

- **Anteil an den Gesamtkosten:** Dieser Wert zeigt den Anteil des Arbeitspakets an den gesamten ursprünglichen Plankosten des Projekts.

- **Angepasste Plankosten:** Zunächst wird der Ursprungswert in die Spalte angepasste Plankosten übernommen. Im Falle einer Änderung wird die zugehörige Formel überschrieben.

119

- **Anteil an den Gesamtkosten**: Dieser Wert zeigt den Anteil des Arbeitspakets an den gesamten geänderten Plankosten des Projekts.
- **Absolute Abweichung**: Weist die Differenz zwischen ursprünglichen und angepassten Plankosten als Betrag aus.
- **Relative Abweichung**: Weist die Differenz zwischen ursprünglichen und angepassten Plankosten als Prozentsatz aus.

Die Gesamtkosten ermitteln

Gehen Sie wie folgt vor, um die Gesamtkosten für das Projekt in der Tabelle **Kostenplan** zu ermitteln:

1. Erfassen Sie zunächst die Projekt- und Arbeitspaketdaten. Anschließend tragen Sie die Plankosten der einzelnen Arbeitspakete in die Spalte **Ursprüngliche Plankosten** ein.
2. Sollten sich im Verlaufe des Projekts Änderungen ergeben, überschreiben Sie den entsprechenden Wert in der Spalte **Angepasste Plankosten**. Abweichungen zwischen angepasstem Plan und Ursprungsplan werden automatisch in den Abweichungsspalten ausgewiesen.
3. Die Arbeitshilfe sieht standardmäßig die Verwaltung von 30 Arbeitspaketen vor. Wenn Sie weitere Arbeitspakete verwalten möchten, klicken Sie auf die Schaltfläche **Zeile einfügen**. Daraufhin wird eine weitere Zeile eingefügt.

Vielleicht stellen Sie sich an dieser Stelle die Frage, warum die Daten nicht aus den einzelnen Arbeitspaketblättern automatisch in den Kostenplan übernommen werden. Die Antwort lautet: Das hat zwei wichtige organisatorische Gründe:

- Jeder Verantwortliche für ein Arbeitspaket müsste eine eigene Planungsdatei zur Verfügung haben. Diese müssten Sie mit dem Gesamtplan verknüpfen. Bei einem Projekt von 100 Arbeitspaketen wären somit 200 Daten zu verknüpfen, da ursprüngliche und angepasste Zahlen zu verwalten sind. Die Verwaltung der Verknüpfungen wäre somit nicht nur aufwändig, sondern auch fehleranfällig.
- Außerdem hat diese Vorgehensweise noch einen psychologischen Vorteil: Der Druck auf den Verantwortlichen eines Ar-

beitspakets steigt, wenn Änderungen dem Projektleiter mitgeteilt werden müssen. Müsste der Arbeitspaketverantwortliche die Daten nur in eine Tabelle eintragen, wäre eine Kontaktaufnahme mit dem Projektleiter nicht notwendig. Das hätte zur Folge, dass der Arbeitspaketverantwortliche die Änderung nicht begründen oder rechtfertigen müsste. Vielmehr würde es dann am Projektleiter liegen, seinerseits Planänderungen im Auge zu haben und auf die einzelnen Verantwortlichen zuzugehen.

9.5 Excel-Know-how

In der Arbeitshilfe **PM_Kostenplan.xls** sind wieder einige recht interessante Formeln und Makros eingesetzt worden, die wir Ihnen an dieser Stelle noch etwas ausführlicher erläutern möchten.

Siehe CD-ROM

Die Formeln

Die Berechnungen in der Tabelle **Arbeitspaketkosten** werden durch einfache Formeln in den Spalten **Gesamtpreis** sowie im Bereich **Angepasster Plan** durchgeführt.

Gesamtpreis	Menge	Einheit	Einzelpreis	Gesamtpreis	Abweichung
=C13*E13	=C13	=D13	=E13	=G13*I13	=+F13-J13
=C14*E14	=C14	=D14	=E14	=G14*I14	=+F14-J14
=C15*E15	=C15	=D15	=E15	=G15*I15	=+F15-J15

Die Formeln in der Tabelle **Arbeitspaketplan**

Die Formeln der Tabelle **Kostenplan** sind dagegen schon etwas komplexer. In der Spalte **H** müssen Sie verhindern, dass sich Divisionsfehler ergeben können.

Anteil an den Gesamtkosten	angepasste Plankosten	Anteil an den Gesamtkosten	absolute Abweichung	relative Abweichung
=WENN($C$31=0;0;C9/$C$31)	=C9	=WENN($E$31=0;0;E9/$E$31)	=+C9-E9	=WENN(C9=0;0;ABS(G9/C9))
=WENN($C$31=0;0;C10/$C$31)	=C10	=WENN($E$31=0;0;E10/$E$31)	=+C10-E10	=WENN(C10=0;0;ABS(G10/C10))
=WENN($C$31=0;0;C11/$C$31)	=C11	=WENN($E$31=0;0;E11/$E$31)	=+C11-E11	=WENN(C11=0;0;ABS(G11/C11))

Die Formeln der Tabelle **Kostenplan**

Die Funktion **ABS** liefert den absoluten Wert einer Zahl. Die exakte Syntax der Funktion lautet:

ABS(Zahl)

Das Argument **Zahl** entspricht dem Wert, der absolut gesetzt werden soll. Beim **Wert** kann es sich auch um einen Rechenausdruck, also eine Formel handeln.

Die Makros

Wie bereits erwähnt, enthält die Arbeitshilfe zwei Makros, die automatisch eine neue Zeile bzw. ein neues Formular zur Verfügung stellen. Das Makro **Sub Zeile_einfügen** wird in der Tabelle **Kostenplan** eingesetzt und hat folgenden Makrocode:

```
Sub Zeile_einfügen
  ActiveSheet.Unprotect
  Range("A10").Select
  Selection.EntireRow.Insert
  Range("A9:H9").Select
  Selection.AutoFill Destination:=Range("A9:H10),
  _Type:=xlFillDefault
  Range("A9:H10").Select
  Range("A9").Select
  ActiveSheet.Protect
End Sub
```

Das Makro **Sub Neues Formular** wird in der Tabelle **Arbeitspaket-kosten** eingesetzt und erzeugt ein weiteres Planungsformular:

```
Sub Neues_Formular
  Sheets("Formular").Visible = True
  Sheets("Formular").Select
  Sheets("Formular").Copy Before:=Sheets(7)
  Sheets("Formular").Select
  ActiveWindow.SelectedSheets.Visible = False
End Sub
```

9.6 Zusammenfassung

Ausgangspunkt einer sinnvollen Kostenplanung sind die **Arbeitspakete**. Die Kosten der untersten Ebene des Gesamtprojekts werden dann in einem **Gesamtplan** verdichtet.

Die anfallenden **Kostenarten** sind von Projekt zu Projekt unterschiedlich.

Für jedes Arbeitspaket können Kostenarten vorgegeben werden, die jedoch nicht zwingend anfallen müssen:

- Personalkosten
- Materialkosten
- Werkzeugkosten
- Schulungskosten
- Sonstige Kosten

Die **Kostenrechnung** ist ein Zweig des Rechnungswesens. Die **Kostenstellenrechnung** gehört neben der **Kostenartenrechnung** und **Kostenträgerrechnung** zu den Aufgaben der Kostenrechnung. Für die Kostenplanung im Rahmen des Projektmanagements haben Kostenarten eine hohe Relevanz.

Anschaffungskosten ergeben sich aus Anschaffungspreis, Anschaffungsnebenkosten, nachträglichen Anschaffungskosten abzüglich einer Anschaffungspreisminderung.

Die **Plankosten** einer einzelnen Ressource ergeben sich mit Hilfe folgender Formel:

Menge x Preis je Mengeneinheit = Gesamtpreis.

Änderungen in Bezug auf den Kostenplan sollten laufend angepasst werden.

Die Funktion **ABS** liefert den absoluten Wert einer Zahl. Die Syntax der Funktion lautet: **ABS(Zahl)**.

10 Schritt 8: Projekte steuern und dokumentieren

Die Vorbereitungsarbeiten sind abgeschlossen, die Arbeit am Projekt selbst kann damit starten. Jetzt heißt es, in vielen kleinen Schritten zum Ziel zu kommen.

Der Projektstatus muss zu unterschiedlichen Zeiten diskutiert und dokumentiert werden. Im Verlauf des Projekts gilt es, immer wieder nachzuprüfen, ob man sowohl in Sachen Zeit, Kosten als auch im Hinblick auf die Leistung im Plan liegt.

Den Projektstatus dokumentieren

Mit den professionellen Arbeitshilfen, die wir Ihnen begleitend zu diesem Kapitel zur Verfügung stellen, werden Sie die Aufgaben, die nun auf Sie zukommen, problemlos meistern.

10.1 Das Projekt läuft an

Die Arbeiten rund um das Projekt werden aufgenommen. Der Projektleiter muss Termine und Kosten im Blick haben. Kurz gesagt: Im Rahmen der Steuerung von Projekten geht es unter anderem darum, allgemeine Managementmethoden, die Führungskräfte allgemein benutzen, einzusetzen. Dabei kann die Tabellenkalkulation wenig helfen.

Zur Steuerung gehört aber auch der Einsatz von Controllinginstrumenten. In diesem Zusammenhang sprechen wir von Projektcontrolling.

Zu diesem Themenkreis stellen wir Ihnen in diesem Kapitel verschiedene Arbeitshilfen in Form von Checklisten, Protokollen und Rechenhilfen zur Verfügung.

10.2 Projektcontrolling mit Hilfe von Soll/Ist-Vergleichen

Projektcontrol-
ling

Projektcontrolling ist ein Planungs-, Steuerungs- und Kontrollsystem im Projektmanagement. Hierbei werden u. a. Plansätze den tatsächlich erreichten Istwerten gegenübergestellt.

Der Soll/Ist-
Vergleich

Der Soll/Ist-Vergleich, der auch der Steuerung des Unternehmens dient, ist das wohl wichtigste Kontrollinstrument im Rechnungswesen und auch Controlling. Mit seiner Hilfe können Korrekturmaßnahmen eingeleitet und durchgeführt, Engpässe rechtzeitig erkannt und beseitigt werden.

Phasen des Soll/Ist-Vergleichs

Die Durchführung von Soll/Ist-Vergleichen gliedert sich in folgende Phasen – wobei die Planungsphase im Rahmen des Projektmanagements bereits abgeschlossen ist:

- Definition von Sollwerten
- Erfassen von Istwerten
- Bilden von Abweichungen
- Durchführen von Abweichungsanalysen

Ursachenfor-
schung

Im Rahmen einer Ursachenforschung werden die Abweichungen analysiert und gegebenenfalls daraus resultierende notwendige Maßnahmen eingeleitet, um weitere Differenzen zwischen Soll und Ist zu verhindern.

Abweichungen
analysieren

Eine Abweichung oder Differenz im Sinne des Soll/Ist-Vergleichs ist das Nicht-Erfüllen einer Erwartung oder einer Vorgabe. Die für das Projekt verantwortlichen Mitarbeiter müssen diese Differenzen frühzeitig erkennen. Die Analyse der Abweichungen ist das eigentlich Interessante.

Eine Abweichung muss dabei nicht zwangsläufig als gut oder schlecht interpretiert werden. Sie kann unter Umständen die Erkenntnis bringen, dass die Planung auf nicht erreichbaren Annahmen beruhte.

Abweichungen können somit folgende Ursachen haben:

Abweichungsursachen

• falsche Planung durch falsche Einschätzung des Umfeldes oder mangelnde interne Abstimmung

• falsche Umsetzung der Pläne dadurch, dass Ziele nicht verfolgt und angestrebte Maßnahmen nicht mit dem nötigen Nachdruck durchgeführt werden

Führen Sie einen Soll/Ist-Vergleich in der Praxis mit einem Tool wie Excel durch, legen Sie in der Regel eine spaltenförmige Struktur an:

Grundstruktur eines Soll/Ist-Vergleichs

Soll	Ist	Absolute Abweichung	Relative Abweichung
2.500,00 €	3.200,00 €	−700,00 €	−28 %

Grundschema eines Soll/Ist-Vergleichs

Permanente Terminkontrolle

Nicht nur die Kosten, auch die Termine müssen Sie ständig im Blick haben. Terminüberschreitungen können das Projekt möglicherweise gefährden oder höhere Kosten nach sich ziehen. Terminabweichungen werden in der Regel in Tagen angegeben.

Terminüberschreitungen

Für eine übersichtliche Terminplanung ist eine grafische Darstellung die übersichtlichste und aussagekräftigste Form der Dokumentation.

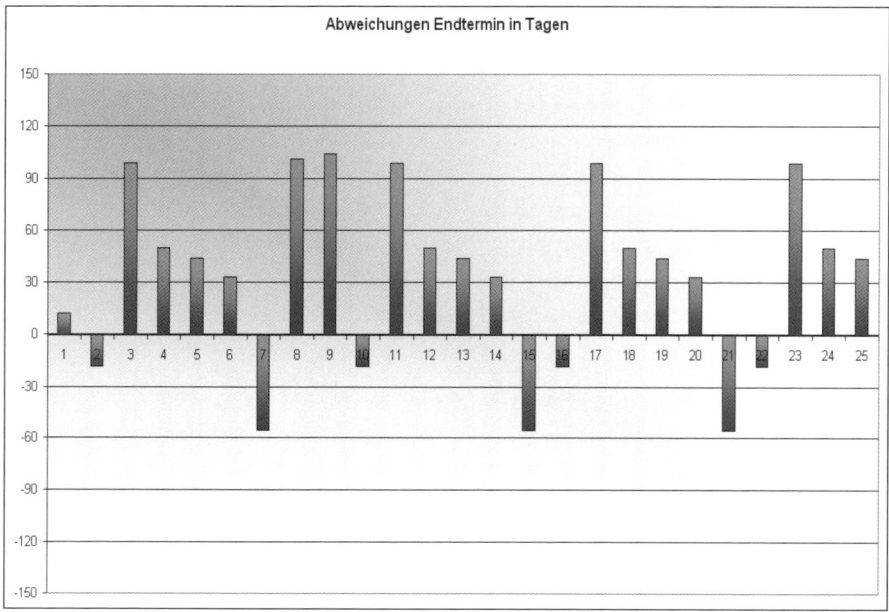

Grafische Darstellung von Zeitabweichungen

10.3 Dokumentation und Kommunikation

Kommunikation und ausreichendes Informationsmanagement sind weitere wichtige Voraussetzungen für ein erfolgreiches Projektmanagement. Deshalb sind regelmäßige Projektmeetings und Besprechungen wichtig. Für diese gibt es folgende Varianten:

- Einzelgespräche
- Teammeetings
- Krisensitzungen

Alle geplanten Termine sollten Sie im Vorfeld schriftlich festhalten.

Checkliste Projektmeeting				
Projektbezeichnung:				
Meeting	Ziele	Teilnehmer	Rhythmus	Bemerkung

Diese Punkte gehören in eine Checkliste für Projektmeetings

Es empfiehlt sich, zu jedem Projektmeeting ein Protokoll anzuferti-   Protokolle
gen. Darin sollten folgende Informationen festgehalten werden:

- Datum
- Teilnehmer
- Tagesordnung
- Gefasste Beschlüsse
- Erteilte Aufträge mit Termin und Verantwortlichem

Der aktuelle Arbeitsstand des Projekts kann in einem so genannten   Dokumentation
Statusbericht festgehalten werden. Den Statusbericht gibt es auf verschiedenen Ebenen:

- Projektstatusbericht
- Teilprojektstatusbericht
- Arbeitspaketstatusbericht

Arbeitspaketstatusbericht	
Projektbezeichnung:	**Arbeitspaketbezeichnung:**

Datum	Projektstart
Berichtszeitraum	
Verantwortlicher	

Aktivitäten im Berichtszeitraum

Aktueller Stand	Bemerkung
Termine	
Kosten	
Leistung / Qualität	

Störfaktoren

Maßnahmen

Anlagen

Formular für einen Arbeitspaketstatusbericht

Informationen des Statusberichts

Ein Statusbericht sollte folgende Informationen enthalten:

- Projektbezeichnung
- Berichtszeitraum
- Aktivitäten im Berichtszeitraum

- Aktueller Stand zu Terminen, Kosten sowie Leistung/Qualität
- Störfaktoren
- Vorgesehene Maßnahmen

10.4 Die Arbeitshilfen zu diesem Kapitel

Für die praktische Umsetzung aller beschriebenen Aktivitäten, die zur Steuerung und Dokumentation im Projekt erforderlich sind, haben wir insgesamt vier Arbeitshilfen vorgesehen:

- PM_Soll_Ist_Vergleich.xls
- PM_Terminabgleich.xls
- PM_Projektmeeting.xls
- PM_Projektstatus.xls

Siehe CD-ROM

Soll/Ist-Vergleich als Erweiterung des Kostenplans

Bei der Datei **PM_Soll_Ist_Vergleich.xls** handelt es sich um eine Erweiterung des Kostenplans. Die Bereiche **Ursprünglicher Plan** und **Angepasster Plan** werden um den Bereich **Ist** erweitert. Die Spalten **Menge, Einheit, Einzelpreis** und **Gesamtpreis** der ursprünglichen Planungstabelle werden beibehalten; zusätzlich werden die folgenden Abweichungen ausgewiesen:

- Abweichung Ursprungsplan
- Abweichung angepasster Plan

Ist					
Menge	Einheit	Einzelpreis	Gesamtpreis	Abweichung Ursprungsplan	Abweichung angepasster Plan

Ausschnitt aus dem Soll-Ist-Vergleich: Die Planung wurde um den Ist-Bereich erweitert.

Auch im Soll/Ist-Vergleich gibt es die Möglichkeit, die Tabelle **Arbeitspaket** mit einem Klick auf die Schaltfläche **Neuen Soll/Ist-Vergleich anlegen** zu vervielfältigen.

Die Tabelle **Gesamtpaket** der Kostenplanung wurde ebenfalls angepasst. Hier wird zusätzlich mit relativen Abweichungen gearbeitet, sodass folgende neue Spalten zur Verfügung stehen:

- Istkosten
- Anteil an den Gesamtkosten
- absolute Abweichung Ursprungsplan
- relative Abweichung Ursprungsplan
- absolute Abweichung angepasster Plan
- relative Abweichung angepasster Plan

Soll/Ist-Vergleich Projektkosten

Projektbezeichnung:

Zeile einfügen

Arbeits-paket Nr.	Arbeits-paket-Bezeichnung	ursprüngliche Plankosten	Anteil an den Gesamtkosten	angepasste Plankosten	Anteil an den Gesamtkosten	absolute Abweichung	relative Abweichung

Auszug aus dem Soll/Ist-Vergleich des Gesamtprojekts

Relative Abweichungen werden in den Ampelfarben Rot, Gelb und Grün dargestellt. Auf diese Weise wird auf den ersten Blick deutlich: Alle rot gekennzeichneten Zahlen sind nicht im Rahmen. Hier muss nachgehakt werden. Gelb bedeutet Achtung. Alle grünen Abweichungen sind unbedenklich.

Die Werte werden dabei wie folgt gekennzeichnet:

- **Rot**: Abweichungen größer 25 %
- **Gelb**: Abweichungen zwischen 10 % und 25 %
- **Grün**: Abweichungen unter 10 %

Terminüberwachung mit System

Die Arbeitshilfe **PM_Terminabgleich.xls** stellt sechs Arbeitsblätter zur Verfügung, davon zwei Tabellenarbeitsblätter und vier Diagrammblätter:

Siehe CD-ROM

- Teilprojekte (Tabelle)
- TP_Starttermin (Diagramm zu Teilprojekte)
- TP-Endtermin (Diagramm zu Teilprojekte)
- Arbeitspakete (Tabelle)
- AP_Starttermin (Diagramm zu Teilprojekte)
- AP-Endtermin (Diagramm zu Teilprojekte)

Die Tabellen **Teilprojekte** und **Arbeitspakete** sind identisch aufgebaut.

Teilprojekttermine

Projekt:

		Soll	Soll	Ist	Ist	Abweichungen	Abweichungen
Nr.	Bezeichnung	Starttermin	Stichtag	Starttermin	Stichtag	Starttermin	Endtermin
1	Zieldefinition	01.03.2007	01.06.2007	01.05.2007	01.09.2007	61	92
2	Hardware	01.03.2007	01.10.2007	01.04.2007	01.09.2007	31	-30
3	Software	01.06.2007	01.07.2007	01.05.2007	01.09.2007	-31	62

Soll/Ist-Vergleich für Termine

Beide Tabellen arbeiten mit den Bereichen **Soll** und **Ist**, in denen jeweils die Spalten **Starttermin** und **Stichtag** erfasst werden. Die Differenzen werden innerhalb der Tabelle rechnerisch ermittelt. Aus diesen Angaben erstellt das Tool automatisch Diagramme, entweder als einfaches Säulendiagramm oder als 3-D-Diagramm.

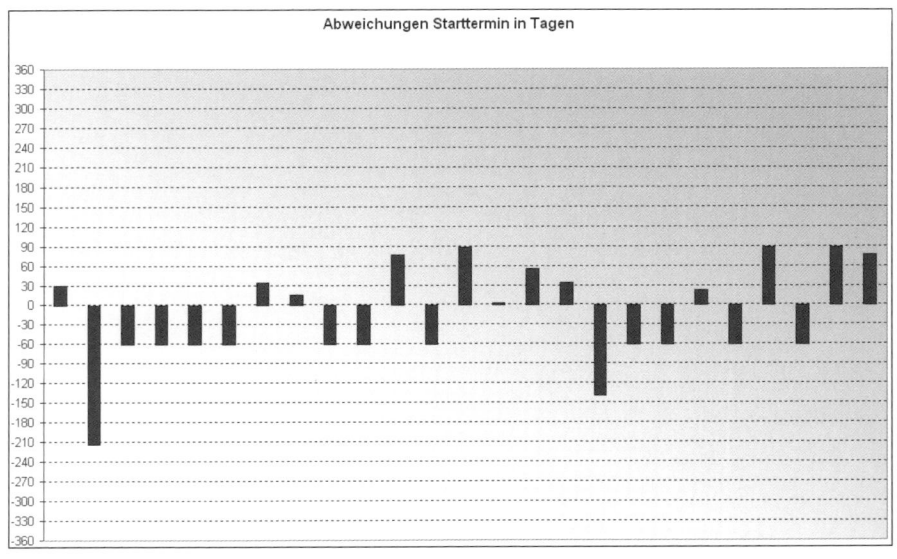

Darstellung der Terminabweichung als einfaches Säulendiagramm

Formular für Besprechungen und Meetings

Für die anfallenden Projektbesprechungen und Meetings ist die Datei **PM_Projektmeeting.xls** vorgesehen. Sie enthält folgende Tabellenarbeitsblätter:

Siehe CD-ROM

- Checkliste
- Protokoll

In der **Checkliste Projektmeeting** werden die Bezeichnung des Meetings selbst, die Ziele, Teilnehmer sowie der Rhythmus der Treffen eingetragen. Darüber hinaus steht eine Bemerkungsspalte zur Verfügung.

Die Checkliste

Erfassen Sie die gewünschten Daten spaltenweise. Um mehrere Informationen, z. B. Teilnehmer, untereinander in eine Zelle einzutragen, drücken Sie die Tastenkombination **Alt + Enter**.

Auf diese Weise erzeugen Sie innerhalb einer Zelle einen Zeilenumbruch:

1. Erfassen Sie zunächst den Namen des Teilnehmers. Drücken Sie dann die Tastenkombination **Alt + Enter**.
2. Anschließend geben Sie den nächsten Teilnehmernamen ein. Fahren Sie mit dieser Methode fort, bis Sie alle Namen erfasst haben.

Im Protokoll **Projektmeeting** erfassen Sie die wichtigsten Informationen zur Sitzung wie z. B. Teilnehmer oder Beschlüsse.

Das Protokoll

Protokoll Projektmeeting		
Projektbezeichnung:		
Datum	Ort:	
Teilehmer	Verteiler :	
Tagesordnungs-punkte		
Beschlüsse		
Aufträge	Termine	Verantwortlicher

Das Formular **Protokoll Projektmeeting**

Der Projektstatusbericht

Siehe CD-ROM

Statusberichte werden im Verlaufe des Projekts immer wieder benötigt. In der dafür vorgesehenen Musterdatei **PM_Projektstatus.xls** werden unterschiedliche Lösungen für Statusberichte angeboten.

Bei der Tabelle **Projektstatusbericht_1** handelt es sich um ein Formular, in das Sie alle allgemein verbindlichen Angaben zum Projekt eintragen können.

Projektstatusbericht	
Projektbezeichnung:	

Datum	Projektstart
Berichtszeitraum	
Projektleiter	

Aktivitäten im Berichtszeitraum

Aktueller Stand	Bemerkung
Termine	
Kosten	
Leistung / Qualität	

Störfaktoren

Maßnahmen

Anlagen

Ein allgemein gehaltener Statusbericht in der Arbeitshilfe

Die Eingaben in das Formular erfolgen in die hellgrau hinterlegten Eingabefelder. Im Bereich **Aktueller Stand** werden Informationen zu Terminen, Kosten sowie Leistung/Qualität über eine Auswahlliste ausgewählt.

Andere Inhalte hat der Projektstatusbericht in der Tabelle **Projekt-statusbericht_2**. Hier liegt der Schwerpunkt auf den abgeschlossenen Arbeitspaketen sowie Aktivitäten.

Projektstatusbericht
Projektbezeichnung:
Datum   Projektstart Berichtszeitraum Projektleiter
Aktivitäten im Berichtszeitraum
Abgeschlossene Arbeitspakete
Laufende Aktivitäten
Folgeaktivitäten
Anlagen

*Ausschnitt aus dem **Projektstatusbericht_2***

Das Excel-Tool enthält zudem die beiden folgenden Tabellenarbeitsblätter:

- Teilprojektstatusbericht
- Arbeitspaketstatusbericht

Bei diesen Formularen handelt es sich im Prinzip um das gleiche Formular wie beim **Projektstatusbericht**, mit dem Unterschied, dass Sie diese beiden Formulare als Statusberichte für Teilprojekte bzw. Arbeitspakete verwenden können.

10.5 Excel-Know-how

Die Arbeitshilfen zu diesem Kapitel bieten wieder einige Funktionalitäten und technische Besonderheiten, die einer näheren Betrachtung bedürfen.

Exkurs: Dokumentation im Team mit Word

Die einzelnen Applikationen der Office-Anwendungen ermöglichen den Austausch von Daten und Informationen. Wenn Sie davon Gebrauch machen, können Sie im Arbeitsalltag viel Zeit sparen. Außerdem helfen die Anwendungsprogramme sich gegenseitig mit ihren Funktionen aus. *Datenaustausch*

Das bedeutet in der Praxis, fehlende Berechnungsfunktionen in Word können Sie durch Excel ausgleichen oder Sie können Excel von Word unterstützen lassen, wenn es um die Anlage und Erstellung von Berichten geht. Sie können Word direkt in der Arbeitsumgebung von Excel öffnen und alle Funktionen der Textverarbeitung stehen Ihnen zur Verfügung. *Word in Excel öffnen*

Dabei können Sie die volle Funktionalität von Word nutzen und Dokumente entsprechend gestalten. Für Protokolle und Dokumentationen im Projekt sind zum Beispiel folgende Funktionen denkbar:

- Textbausteine für häufig wiederkehrende Textpassagen einsetzen
- Rechtschreib- und Grammatikprüfung zu Rate ziehen
- Silbentrennung nutzen

- Serienbriefe unter Berücksichtigung von Abfragekriterien und Bedingungen erstellen
- Zusammenfassungen erzeugen

In Excel die Möglichkeiten von Word nutzen

Die folgenden Ausführungen zeigen Ihnen, wie Sie den Funktionsumfang von Excel um eine professionelle Textverarbeitung erweitern, ohne die Tabellenkalkulation zu verlassen:

1. Setzen Sie den Cursor an die Stelle in der Tabelle, an der Sie den Bericht oder das Dokument einfügen möchten, und wählen Sie **Einfügen → Objekt.**
2. Im folgenden Dialog wechseln Sie auf die Registerkarte **Neu erstellen.**
3. Markieren Sie unter **Objekttyp** den Eintrag **Microsoft Word Dokument** und bestätigen Sie die Auswahl durch einen Klick auf die Schaltfläche **OK.**
4. Sie erhalten einen Textbereich und die Word-Arbeitsumgebung im Excel-Tabellenblatt angezeigt. Erfassen Sie den gewünschten Text und gestalten Sie diesen mit den Möglichkeiten, die Word zur Verfügung stellt.
5. Sobald Sie mit der Maus außerhalb des Textbereichs klicken, ist die Excel-Arbeitsumgebung wieder vorhanden. Durch einen Doppelklick auf das Objekt können Sie die Bearbeitungsfunktionen von Word wieder aktivieren.

Die Daten, die Sie im Word-Dokument erfasst haben, liegen dabei nicht als separates Word-Dokument vor, sondern werden in der Excel-Arbeitsmappe eingebettet und gemeinsam mit der Excel-Datei abgespeichert.

Tipp:

Den eingefügten Word-Bereich können Sie verschieben, indem Sie den Mauszeiger auf den Dokumentbereich bewegen, sodass dieser die Form eines Vierfachpfeils annimmt. Mit gedrückter linker Maustaste können Sie das Objekt dann beliebig positionieren. Über die Ziehpunkte verändern Sie das Objekt bei Bedarf außerdem in der Größe.

Ampelfarben: So wird Ihr Soll/Ist-Vergleich zum Frühwarnsystem

Ampelfarben, wie sie im Soll/Ist-Vergleich verwenden, richten Sie mit Hilfe der Funktion **Bedingte Formatierung** ein. Dazu führen Sie folgende Arbeitsschritte durch:

Bedingte Formatierungen

1. Abweichungen, die im bedenklichen Bereich liegen, sollen mit der Farbe Rot angezeigt werden. Markieren Sie die Zellen, die das Ergebnis der Berechnung liefern. Wählen Sie **Format → Bedingte Formatierung.**

2. Im Dialog **Bedingte Formatierung** klicken Sie im Bereich **Bedingung 1** auf den Pfeil hinter **zwischen** und entscheiden sich dort für den Eintrag **größer als**. Im dritten Feld geben Sie den Wert **25 %** oder alternativ **0,25** ein.

3. Klicken Sie anschließend im Bereich **Bedingung 1** auf die Schaltfläche **Format**, um in den Dialog **Zellen formatieren** zu gelangen.

4. Wechseln Sie auf die Registerkarte **Muster**. Wählen Sie im Bereich **Zellenschattierung** die Farbe Rot aus und verlassen Sie das Fenster über **OK**.

5. Um weitere Bedingungen, zunächst Gelb für den Bereich zu definieren, den Sie im Auge behalten sollten, klicken Sie auf **Hinzufügen**.

6. Wählen Sie jetzt im Bereich **Bedingung 2** den Eintrag **zwischen** und geben Sie als Werte **0,1** und **0,25** an.

7. Weisen Sie dieser Bedingung mit Hilfe der Registerkarte **Muster** den Zellhintergrund Gelb zu. Die dritte Bedingung (grün für Werte, die in Ordnung sind) legen Sie mit der **Bedingung Zellwert ist** und der Angabe **kleiner als** und dem Wert **0,1** fest.

8. Jetzt haben Sie die Möglichkeit, die bedingten Formate in andere Zellen zu kopieren. Markieren Sie die Zelle mit den gewünschten bedingten Formaten und übertragen das Format mit Hilfe der Schaltfläche **Format übertragen** der **Format**-Symbolleiste. Fahren Sie mit dem Pinsel über die Zellen, in denen Sie das bedingte Format anwenden möchten.

> **Tipp:**
>
> Beachten Sie: Wenn bei mehreren definierten Bedingungen mehr als eine Bedingung zutrifft, wendet Excel nur die Formate der ersten wahren Bedingung an. Sollte keine der angegebenen Bedingungen stimmen, behalten die Zellen ihr ursprüngliches Format.

Die Werte für die Ampelfarben ändern

Vielleicht erscheinen Ihnen die Ampelfarben für Ihr Projekt nicht gut gewählt. Das ist kein Problem. Sie können die Arbeitshilfe jederzeit Ihren Bedürfnissen anpassen.

So ändern Sie die Ampelfarben

Um die Werte für die Ampelfarben zu ändern, gehen Sie wie folgt vor:

1. Deaktivieren Sie den Blattschutz. Am schnellsten erledigen Sie das über das Haufe-Menü und die Befehlsfolge **Haufe-Mediengruppe → Blattschutz → Tabelle entsperren**.
2. Markieren Sie den gewünschten Zellbereich und öffnen Sie das Dialogfenster **Bedingte Formatierung** über den Befehl im Menü **Format**.
3. Ersetzen Sie die Werte in den Bereichen **Bedingung 1** bis **Bedingung 3** durch die Werte Ihrer Wahl und bestätigen Sie die Änderungen durch einen Klick auf die Schaltfläche **OK**.

Diagramme einfügen

Siehe CD-ROM

Bei den Diagrammen der Arbeitshilfe **PM_Terminabgleich.xls** handelt es sich um **Säulendiagramme**, die mit Hilfe des **Diagramm-Assistenten** erstellt werden. Lediglich bei der Skalierung der Achsen gibt es eine Besonderheit gegenüber den Standardeinstellungen bei Diagrammen.

Das Minimum für die Skalierung wurde mit **-360**, das Maximum mit **360** festgesetzt. Für das Hauptintervall wurde der Wert **30** gewählt. Mit diesen Werten können Sie den Zeitraum von einem Jahr abbilden. Für den Fall, dass es nicht notwendig ist, Abweichungen in der voreingestellten Größenordnung anzuzeigen, ändern Sie die Vorgabewerte auf der Registerkarte **Skalierung** im Dialog **Achsen formatieren**.

Das VBA-Makro zum Einfügen einer weiteren Zeile

Die in den Arbeitshilfen zum Kapitel verwendeten Makros sind bereits in den vorherigen Kapiteln vorgestellt worden. Einzig das Makro zum Einfügen einer weiteren Zeile ist neu. Der Makrocode zum Einfügen eines weiteren Soll/Ist-Vergleichs lautet wie folgt:

```
Sub Zeile_einfügen()
  ActiveSheet.Unprotect
  Range("A10").Select
  Selection.EntireRow.Insert
  Range("A9:N9").Select
  Selection.AutoFill Destination:
  =Range("A9:N10"), Type:=xlFillDefault
  Range("A9:N10").Select
  Range("A9").Select
  ActiveSheet.Protect
End Sub
```

10.6 Zusammenfassung

Projektcontrolling ist ein Planungs-, Steuerungs- und Kontrollsystem im Projektmanagement.

Die Durchführung von **Soll/Ist-Vergleichen** gliedert sich in folgende Phasen, wobei die Planungsphase im Rahmen des Projektmanagements bereits abgeschlossen ist:

• Definition von **Sollwerten**

• Erfassen von **Istwerten**

• Bilden von **Abweichungen**

• Durchführen von **Abweichungsanalysen**

Eine Abweichung oder Differenz im Sinne des Soll/Ist-Vergleichs ist das Nicht-Erfüllen einer Erwartung oder einer Vorgabe. Der Aufbau von Soll/Ist-Vergleichen erfolgt in der Regel spaltenförmig:

- **Soll**
- **Ist**
- **Absolute Abweichung**
- **Relative Abweichung**

Kommunikation und ausreichendes **Informationsmanagement** sind eine Voraussetzung für erfolgreiches Projektmanagement. Deshalb sind regelmäßige Projekttreffen wichtig. Diese sollten protokolliert werden.

Im **Projektstatusbericht** halten Sie den aktuellen Arbeitsstand des Projekts fest.

In Excel haben Sie die Möglichkeit, eine komplette Word-Arbeitsumgebung zu erzeugen. Dabei erweitern Sie den Funktionsumfang von Excel um eine professionelle Textverarbeitung, ohne die Tabellenkalkulation zu verlassen. Zu diesem Zweck wählen Sie **Einfügen → Objekt → Neu erstellen**. Markieren Sie **Microsoft Word Dokument** und bestätigen Sie die Wahl durch einen Klick auf die Schaltfläche **OK**.

Ampelfarben stellen Sie mit Hilfe der Funktion **Bedingte Formatierung** aus dem Menü **Formate** dar.

11 Schritt 9: Das Projekt einführen und abschließen

Endlich ist es so weit. Das Projekt steht vor dem Abschluss und kann in die Organisation des Unternehmens eingebunden werden.

Für den Projektleiter und sein Team ist die Arbeit damit noch nicht zu Ende. Das Projekt muss in seiner Endfassung vorgestellt und der Beweis angetreten werden, dass die aufgestellten Ziele unter Einhaltung der geplanten Mittel erreicht wurden.

In diesem Zusammenhang findet in der Praxis häufig eine Präsentation statt. Darüber hinaus wird ein Projektabschlussbericht erstellt. Auch an dieser Stelle ist der Einsatz geeigneter Vorlagen unerlässlich. Zu diesem Zweck haben wir drei Excel-Arbeitsblätter und ein Word-Musterdokument für Sie bereitgestellt.

11.1 Die Arbeitspakete wurden abgeschlossen

Die Aufgaben rund um das Projekt sind erledigt. Der Projektleiter muss das Projekt übergeben. Darüber hinaus muss ein Resümee gezogen werden. Sie können sich bei all diesen Aktivitäten an folgenden Fragen orientieren:

Resümee

- Wurden die zu Beginn gesetzten Ziele erreicht?
- Wie ist das Projekt gelaufen?
- Was war positiv, was war negativ?
- Sind wir mit dem Ergebnis zufrieden? Wenn nein, was sind die Gründe?
- Wie war die Zusammenarbeit im Team?
- Welche Störfaktoren haben die Arbeit des Projektteams belastet?

Wichtige Ab-
schlussarbeiten Darüber hinaus müssen Sie anlässlich des Projektabschlusses wichtige Abschlussarbeiten durchführen. Dazu zählen in erster Linie folgende Tätigkeiten:

- Das Projekt muss den Verantwortlichen im Unternehmen vorgestellt werden.
- Ein Projektabschlussbericht muss verfasst werden. Dort sind die Fakten auf den Punkt zu bringen.

11.2 Das Projekt präsentieren

„Tue Gutes und rede darüber" lautet ein alter Spruch: Die Abschlussphase im Projekt wird häufig vernachlässigt. Ein erfolgreiches Projekt ist gut für das Image und die Karriere. Ist das Projekt gelaufen, sollten Sie nicht versäumen, das auch angemessen darzustellen. Dazu gehört zuallererst, dass Sie das Projekt in einem entsprechenden Rahmen präsentieren. In diesem Zusammenhang sind unter anderem folgende Fragen zu klären:

- Wie kann man den Projektabschluss erfolgreich präsentieren?
- Wie wird der Vortrag aufgebaut?
- Worauf ist beim Vortrag zu achten?
- Welche Informationen sollen präsentiert werden?

Der Projektabschlussbericht

Informationen
des Projektab-
schlussberichts Die grundlegenden Informationen zum Projektabschluss werden in der Regel in einem Projektabschlussbericht festgehalten. Es gibt unterschiedliche Möglichkeiten, einen solchen Bericht aufzubauen. Im Wesentlichen sollte der Bericht folgende Informationen enthalten:

- Projektbezeichnung
- Projektleiter
- Projektziele
- Ggf. geänderte Projektziele

- Soll/Ist-Vergleich im Hinblick auf Termine, Kosten und Leistungen
- Gründe für Planabweichungen
- Störfaktoren
- Restarbeiten
- Bemerkungen

Projektabschlussbericht		
Projektbezeichnung:	Datum:	
Projektleiter		
Projektziele		
Geänderte Projektziele		
Soll/Ist-Vergleich	Soll	Ist
Termin		
Kosten		
Leistung		
Gründe für Planabweichungen		
Termin		
Kosten		
Leistung		
Störfaktoren		
Restarbeiten		
Bemerkungen		

Im Projektabschlussbericht_2 können Sie Ursachen für Abweichungen eintragen.

147

Die Präsentation

Aufbau der
Präsentation

Die grundlegenden Informationen liegen vor, jetzt gilt es, die Präsentation professionell aufzubauen. Sie sollte sich wie folgt zusammensetzen:

- Einleitung
- Hauptteil
- Schluss

In der Einleitung begrüßen Sie die Teilnehmer, stellen kurz die Agenda sowie das Ziel der Präsentation vor. Im Hauptteil befassen Sie sich mit den Fakten. Gut macht es sich immer, wenn Sie einen persönlichen Bezug zum Projekt herstellen. Schließen Sie die Präsentation mit einem Resümee.

Tipp:

Einleitung und Schluss nehmen im Zeitfenster nur einen geringen Teil der Gesamtdauer in Anspruch. Im Rahmen der Vorbereitungszeit verhält es sich anders. Den ersten Eindruck vermittelt die Einleitung. Bereiten Sie diese deshalb besonders sorgfältig vor. Der Schlussteil ist der letzte Eindruck, den Sie hinterlassen. Deshalb sollten Sie auch diesem Teil ausreichend Zeit widmen

---

Einfluss auf den Inhalt der Präsentation haben auch noch folgende Aspekte:

- Zusammensetzung der Zielgruppe, vorwiegend Entscheidungsträger, Geschäftsführung oder nur Mitglieder des Projektteams
- Zuhörer, Gäste und Ehrengäste, die erwartet werden
- Anzahl der Redner
- Know-how, das die Zuhörer in Bezug auf die Thematik des Projekts besitzen

Die Presse

Dieser Punkt trifft auf viele Projekte zu, denn sie sind auch für die Öffentlichkeit interessant. Das Musterbeispiel allerdings, die Einführung eines Travel-Management-Systems, wird wohl weniger Bedeutung für die Allgemeinheit haben.

Umweltschutzprojekte sind hingegen meist von öffentlichem Interesse. Sie werten das Image von Unternehmen auf und sollten unbedingt publik gemacht werden.

Deshalb folgender Tipp: Informieren Sie die Presse. Das ist Public Relation zum Nulltarif. Auf diese kostenlose Art der Werbung sollten Sie in keinem Fall verzichten, denn Sie erreichen unentgeltlich einen großen Kreis potenzieller Geschäftspartner. Gleichzeitig kommt Ihr Unternehmen dabei ins Gespräch.

Informieren Sie die Presse

11.3 Die Arbeitshilfen zu diesem Kapitel

Für die praktische Umsetzung der beschriebenen Tätigkeiten, die für einen erfolgreichen Projektabschluss obligatorisch sind, sind insgesamt vier Arbeitshilfen vorgesehen. Im Einzelnen handelt es sich um folgende Dateien:

* PM_Projektabschlussbericht.xls
* PM_Praesentationshilfe.xls
* PM_Pressearbeit.xls
* PM_Pressemitteilung.doc (Word-Vorlage zur Pressearbeit)

Siehe CD-ROM

Der Projektabschlussbericht

Wie bereits erwähnt, werden die grundlegenden Informationen zum Projektabschluss in einem Projektabschlussbericht festgehalten. In der Arbeitshilfe **PM_Projektabschlussbericht.xls** finden Sie die folgenden vier Tabellen mit unterschiedlichen Varianten eines Projektabschlussberichts:

Siehe CD-ROM

- Projektabschlussbericht_1
- Projektabschlussbericht_2
- Projektergebnisbericht_1
- Projektergebnisbericht_2

Projektabschlussbericht				
Projektbezeichnung:				Datum:
Projektleiter				
Soll/Ist-Vergleich				
	Soll	Ist	absolute Abweichung	relative Abweichung
Projektstart				
Projektende				
Personentage				
Kosten				
Erfahrungen				
positive Erfahrungen				
negative Erfahrungen				
Maßnahmen nach Projektabschluss				
Beurteilung des Gesamtprojekts				
Anlagen				

*Die Tabelle **Projektabschlussbericht_1***

Das Formular **Projektabschlussbericht_2** ist ähnlich aufgebaut, berechnet jedoch die absolute und relative Abweichung nicht automatisch. Dafür bietet diese Vorlage mehr Raum für die Angabe von Gründen für Abweichungen.

Der **Projektergebnisbericht_1** zielt schwerpunktmäßig auf die Soll/
Ist-Ziele und deren Messgrößen ab.

Projektergebnisbericht

Projektbezeichnung: Datum:

Projektleiter

Projektziel

Muss-Ziele	Soll-Messgröße	Ist-Messgröße	Bemerkung
Soll-Ziele	Soll-Messgröße	Ist-Messgröße	Bemerkung
Kann-Ziele	Soll-Messgröße	Ist-Messgröße	Bemerkung

Randbedingungen

Bemerkungen

*Ausschnitt aus der Tabelle **Projektergebnisbericht_1***

Legen Sie schwerpunktmäßig eher Wert auf eine verbale Erläuterung
des Projekts, sollten Sie das Formular **Projektergebnisbericht_2**
verwenden.

151

Projektergebnisbericht

Projektbezeichnung: Datum:

Projektleiter

Aufgabenstellung mit Zielsetzung

Darstellung der Projektphasen

Ereignisse / Störfaktoren

Projektergebnis

Eckdaten

Laufzeit

Projektteam

Budget

Eine weitere Alternative zum Aufbau von Projektabschlussberichten

Das Projektergebnis präsentieren

Siehe CD-ROM

Die Präsentation des Projekts und seines Ergebnisses sollte ebenfalls gut geplant werden. Zu diesem Zweck stellen wir Ihnen mit der Arbeitshilfe **PM_Präsentationshilfe.xls** drei Arbeitshilfen zur Verfügung. Es handelt sich dabei um die Tabellen **Präsentationshilfe_1** bis **Präsentationshilfe_3**.

Das Formular **Präsentationshilfe_1** dient der Vorbereitung des Präsentationsvortrags. Geben Sie in die Tabelle zunächst die Gesamtdauer des Vortrags ein. Das Tool ermittelt dann die Zeitdauer, die die einzelnen Phasen des Vortrags, also Einleitung, Hauptteil und Schluss, in etwa haben sollten. Außerdem erfassen Sie in diesem Formular Stichwörter zu den einzelnen Projektphasen. Diese Stichwörter können Sie dann anschließend zur Ausarbeitung Ihres Vortrags heranziehen.

Präsentationshilfe	
Projektbezeichnung:	Datum:
Wie lange soll die Präsentation dauern?	
Gesamtdauer	30 Minuten
Einleitung	3 Minuten
Hauptteil	24 Minuten
Schluss	3 Minuten

	Stichwörter
Einleitung	Begrüßung
	Vorstellung der Agenda
	Ziel der Präsentation
Hauptteil	Ggf. persönlicher Bezug zum Projekt
	Fakten
Schluss	Resümee

*Die Grundstruktur für einen Vortrag zur Vorstellung eines Projekts in der Tabelle **Präsentationshilfe_1***

Mit der folgenden Checkliste können Sie sich auf den Vortrag vorbereiten (Präsentationshilfe_3).

Präsentationshilfe - Checkliste
Projektbezeichnung: Datum:
☐   Inhalte und Text für die Präsentation stehen
☐   Antworten für evtuelle Zwischenfragen sind vorbereitet
☐   Vorbereitung auf evt. auftretende Probleme und Störungen ist erfolgt
☐   Auszuteilende Unterlagen wurden erstellt
☐   Teilnehmer sind festgelegt
☐   Einladungen wurden verteilt
☐   Raum wurde gebucht
☐   Technik steht bereit
☐   Technik wurde auf Funktionsfähigkeit hin überprüft

Mit Hilfe dieser Checkliste überprüfen Sie, ob Sie alle Vorbereitungen für den Vortrag erledigt haben.

In der Tabelle **Päsentationshilfe_3** können Sie die technischen Hilfsmittel markieren, die Sie für Ihre Projektpräsentation benötigen.

Präsentationshilfe - benötigte Technik

Projektbezeichnung: Datum:

Technik

☐ Pinnwand

☐ Moderaktionskarten

☐ Flipchart

☐ Folien

☐ Overheadprojektor

☐ PC mit Beamer

☐ Sonstiges

Die dritte Präsentationshilfe beschäftigt sich mit der Technik.

Vorlagen für die Pressearbeit

Projekte, die von öffentlichem Interesse sind, sollten der Presse vorgestellt werden. Dazu finden Sie die Arbeitshilfe **PM_Pressearbeit.xls** auf Ihrer CD-ROM zum Buch. Diese Arbeitsmappe enthält die beiden Tabellenarbeitsblätter **Pressearbeit** und **Vorlage**.

Siehe CD-ROM

In der Tabelle **Pressearbeit** finden Sie wertvolle Tipps zum Umgang mit Medien. Die Tipps können Sie durch einen Klick auf die Schaltfläche **Drucken** der **Standard**-Symbolleiste zu Papier bringen.

Siehe CD-ROM

Die Tabelle **Vorlage** enthält das Grundgerüst für eine Pressemitteilung. Alternativ zu dieser Tabelle arbeiten Sie mit der Word-Datei **PM_Pressemitteilung.doc**.

11.4 Excel-Know-how

Die interessanten Funktionen und Besonderheiten, die die Arbeitshilfen begleitend zu diesem Kapitel enthalten, haben wir Ihnen schon in anderen Kapiteln vorgestellt. Der Schwerpunkt bei der Betrachtung der Präsentationstechniken liegt deshalb in diesem Abschnitt auf der programm-überschneidenden Zusammenarbeit von Excel mit Microsoft PowerPoint.

Teamwork von Excel und PowerPoint

Um das Projekt einer Gruppe von Personen vorzustellen, empfiehlt sich der Einsatz eines Präsentationsprogramms wie Microsoft PowerPoint.

Die Möglichkeiten von Power-Point

Mit PowerPoint haben Sie die Möglichkeit, mehrseitige Präsentationen zu erstellen. Kernaussagen und wichtige Informationen können damit auf den Punkt gebracht und übersichtlich dargestellt werden. Dabei werden die Informationen nicht nur strukturiert, sondern auch optisch anschaulich aufbereitet. Dazu stellt PowerPoint u. a. folgende Funktionen zur Verfügung:

- Selbst ablaufende Präsentation, z. B. in Form einer Bildschirm-Show oder als interaktives Programm mit Sprachunterstützung.

- Import von Inhalten einzelner Folien aus anderen Anwendungen wie Microsoft Excel.

- Besondere programmgesteuerte Effekte, die von einer Folie zur nächsten überleiten. Animationen für Texte und Grafiken, Sounds als Background sowie Videowiedergaben sind Funktionen, die den Anwender unterstützen, einen Vortrag oder eine Bildschirmshow attraktiv zu gestalten.

- Mit den richtigen kreativen Ideen sowie einer gelungenen Abstimmung von Bildern und Musik kann ein Vortrag wirkungsvoll abgerundet werden.
- Eine Vielzahl von Entwurfs-, Design- bzw. Dokumentvorlagen unterstützen den Anwender mit vordefinierten Strukturen und Layouts bei der Gestaltung anspruchsvoller Präsentationen.

Daten aus Excel für PowerPoint

Wenn es um das Erstellen von Präsentationen geht, liegen in zahlreichen Fällen darzustellende Informationen bereits in Excel vor. Da ist es nahe liegend, die Daten nicht neu zu erfassen, sondern direkt von Excel in PowerPoint einzufügen.

Um Tabellendaten aus Excel in eine PowerPoint-Präsentation zu übertragen, müssen Sie folgende Arbeitsschritte durchführen:

Excel-Tabellen in PowerPoint einfügen

1. Sorgen Sie dafür, dass sowohl die Excel-Datei als auch die Präsentation, in die das Diagramm eingefügt werden soll, geöffnet sind.
2. Wechseln Sie zur Excel-Arbeitsmappe und kopieren Sie dort den Tabellenausschnitt, den Sie nach PowerPoint übertragen möchten.
3. Aktivieren Sie in PowerPoint die Folie, in der die Tabelle erscheinen soll.
4. Wählen Sie die Menübefehle **Bearbeiten → Inhalte einfügen**.
5. Wenn Sie wünschen, dass die Excel-Daten in PowerPoint automatisch angepasst werden, falls sich Tabelleninhalte ändern, aktivieren Sie unbedingt die Option **Verknüpfung einfügen** und unter **Als** den Eintrag **Microsoft Office Excel-Arbeitsblatt-Objekt**.
6. Durch einen Klick auf die Schaltfläche **OK** werden die Informationen auf die Präsentationsfolie übertragen.

Sie können sogar ganze Diagramme aus Excel in Ihre PowerPoint-Präsentation einzufügen und dort automatisch aktualisieren lassen.

Excel-Diagramme in Power-Point einfügen

Möchten Sie ein Diagramm von Excel nach PowerPoint übertragen, sind die folgenden Schritte erforderlich:

1. Öffnen Sie erneut sowohl die entsprechende Excel-Datei, als auch die gewünschte Präsentationsdatei in PowerPoint. Markieren Sie in Excel das Diagramm, das Sie in der Präsentation zeigen möchten, und kopieren Sie es in die Zwischenablage.
2. Wechseln Sie zu PowerPoint und aktivieren Sie die Folie, auf der das Diagramm erscheinen soll.
3. Wählen Sie die Befehle **Bearbeiten** → **Inhalte** einfügen.
4. Über die Option **Einfügen** betten Sie das Diagramm auf der Folie ein. Das heißt, werden Änderungen in Excel durchgeführt, werden diese in PowerPoint nicht angepasst.
5. Nachdem Sie die Einstellungen bestätigt haben, erscheint das Diagramm umgehend auf der Folie.

Exkurs: Unterschied zwischen Einbetten und Verknüpfen

Der Unterschied zwischen Einbetten und Verknüpfen wirkt sich im Wesentlichen auf zwei Aspekte aus:

- Bearbeitung der Daten
- Aktualisierung von Daten

Einbetten

Wenn Sie Daten einbetten, das heißt konkret, im Dialog **Inhalte einfügen** die Option **Einfügen** wählen, so lassen sich diese mit den Werkzeugen der Ursprungsanwendung bearbeiten, ohne dass Sie diese dazu starten müssen. Dabei besteht keine Verbindung zwischen dem eingebetteten Objekt und der Ursprungsdatei.

Beispiel:

Sie betten ein Excel-Diagramm in eine PowerPoint-Folie ein. Anschließend stellen Sie fest, dass die Daten für ein Diagramm-Element nicht korrekt eingetragen wurden. Wenn Sie die entsprechende Änderung in Ihrer Excel-Datei durchführen, wird die Folie nicht automatisch angepasst, da keine Verbindung zwischen der Excel-Datei und der PowerPoint-Folie besteht.

Anders verhält es sich beim Verknüpfen von Daten, wie in den zuvor beschriebenen Arbeitsschritten. Verändern Sie bei dieser Variante die Daten der Originaldatei, werden deren Werte automatisch in den Zieldokumenten aktualisiert, zu denen eine Verbindung existiert.

Verknüpfen

Das heißt, wenn Sie das Diagramm aus Excel mit einer PowerPoint-Folie verknüpfen und Änderungen an der Excel-Datei durchführen, werden diese automatisch in PowerPoint angepasst, ohne dass Sie dazu Hand anlegen müssen.

Ob eine Datei Verknüpfungen enthält, können Sie über **Bearbeiten → Verknüpfungen** feststellen. Sie gelangen über diese Befehlsfolge in das Dialogfenster **Verknüpfungen**. Dort sind alle Verknüpfungen aufgelistet.

Beide Varianten haben Vor- und Nachteile: Wenn Sie eine Datei, die mit einer anderen Datei verknüpft ist, an Dritte weitergeben, müssen Sie neben der Hauptdatei auch die verknüpfte Datei zur Verfügung stellen. Ansonsten fehlt dem Adressaten das verknüpfte Objekt.

Pro und Contra

Das ist in der Praxis oft umständlich, da für die Verknüpfungen entweder die Verzeichnisstruktur angepasst oder die Verknüpfung neu erstellt werden muss. Dann ist das Einbetten der Daten die einfachere Alternative.

Allerdings können Dateien mit eingebetteten Objekten sehr aufgebläht werden. Das bedeutet, dass die Datei unter Umständen sehr groß wird und viel Arbeitsspeicher benötigt.

Neben der Möglichkeit Daten über **Bearbeiten → Inhalte einfügen** an PowerPoint zu übergeben, können Sie auch einfache Kopiertechniken anwenden oder über **Einfügen → Objekt → Aus Datei erstellen** Daten austauschen.

Datenaustausch: Weitere Techniken im Überblick

Die nachfolgende Tabelle zeigt einen Überblick über die wichtigsten Techniken und ihre Auswirkungen:

Befehle	Auswirkungen
Daten werden kopiert oder ausgeschnitten und über **Bearbeiten** → **Einfügen** übernommen.	Die Daten können nur mit der Zieldatei verändert werden.
Daten werden kopiert oder ausgeschnitten und über **Bearbeiten** → **Inhalte einfügen** mit der Option **Verknüpfung einfügen** (Version 97/2000: **Verknüpfen**) eingefügt.	Wenn Änderungen am Original durchgeführt werden, werden diese in der Zieldatei angepasst. Während über **Bearbeiten** → **Inhalte einfügen** i. d. R. nur die markierten Daten übernommen werden, fügen Sie mit **Einfügen** → **Objekt** → **Aus Datei erstellen** die kompletten Daten der Quelldatei ein.
Daten werden kopiert oder ausgeschnitten und über **Bearbeiten** → **Inhalte einfügen** mit der Option **Einfügen** übernommen.	Spätere Änderungen an der Quelldatei werden nicht in die Zieldatei übernommen! Ein Doppelklick auf das verknüpfte Objekt ruft in der Zieldatei die Arbeitsumgebung der Quelldatei auf und stellt deren Funktionen zur Verfügung. Der eingefügte Bereich ist Bestandteil der Zieldatei. Änderungen, die im Zieldokument durchgeführt werden, haben keine Auswirkung auf die Quelle.
Ein neues Objekt wird über **Einfügen** → **Objekt** → **Neu erstellen** erzeugt. Wählen Sie den gewünschten Objekttyp aus, um dessen Arbeitsumgebung zu erhalten.	Es besteht keine Verbindung zwischen dem eingefügten Objekt und der Anwendung, mit deren Hilfe das Objekt erstellt wurde. Änderungen können nur aus der Zieldatei heraus durchgeführt werden.
Eine komplette Datei können Sie über **Einfügen** → **Objekt** → **Aus Datei erstellen** einfügen. Wird das Kontrollkästchen **Verknüpfen** aktiviert, wird das Objekt verknüpft.	Wenn Änderungen am Original durchgeführt werden, werden diese in der Zieldatei angepasst.
Eine komplette Datei können Sie über **Einfügen** → **Objekt** → **Aus Datei erstellen** einfügen. Wird das Kontrollkästchen **Einfügen** deaktiviert, wird das Objekt eingebettet.	Die Daten können nur mit der Zieldatei verändert werden.

Die Befehle zum Einbetten und Verknüpfen von Objekten und ihre Auswirkungen

11.5 Zusammenfassung

Ein Projekt erfolgreich abzuschließen, ist gut für das Image und die Karriere. Dazu gehört es, das Projekt in einem entsprechenden Rahmen vorzustellen.

Die grundlegenden Informationen zum Projektabschluss werden in der Regel im **Projektabschlussbericht** festgehalten. Es gibt unterschiedliche Möglichkeiten einen solchen Bericht aufzubauen. In jedem Fall sollten Informationen zu **Projektzielen, Terminen, Kosten** und **Leistungen** enthalten sein.

Die **Projektpräsentation** sollte in folgende Phasen gegliedert werden:

- Einleitung
- Hauptteil
- Schluss

Über Projekte, die von öffentlichem Interesse sind, sollten Sie auch in der Presse berichten.

Um das Projekt einer Gruppe von Personen vorzustellen, empfiehlt sich der Einsatz eines Präsentationsprogramms wie Microsoft PowerPoint.

Liegen Präsentationsdaten bereits in Excel vor, können Sie diese über die Befehlsfolge **Bearbeiten → Inhalte einfügen** wahlweise in PowerPoint einbetten oder mit der Präsentationsdatei verknüpfen.

Wenn Sie Daten einbetten, lassen sich diese mit den Werkzeugen der Ursprungsanwendung bearbeiten, ohne dass Sie die Ursprungsanwendung dazu starten müssen. Dabei besteht keine Verbindung zwischen dem eingebetteten Objekt und der Ursprungsdatei.

Sind Daten verknüpft und verändern Sie bei dieser Variante die Daten der Originaldatei, werden die Werte automatisch in den Zieldokumenten aktualisiert, zu denen eine Verbindung besteht.

12 Schritt 10: Das Projekt nach der Einführung

Auch nach Erreichen des Projektziels ist das Projekt in den meisten Fällen noch nicht vollständig abgeschlossen. In der Regel gibt es noch Restarbeiten. Darüber hinaus sollten Sie in jedem Fall ein Resümee ziehen, wie das Projekt gelaufen ist.

Dazu gehören unter anderem das Feedback der Projektmitarbeiter sowie eine Projektnachkalkulation. Diese Instrumente helfen, aus eventuellen Fehlern zu lernen und künftige Projektarbeit weiter zu optimieren.

Wir unterstützen Sie auch bei diesem Schritt wieder systematisch mit vorbereiteten Mustervorlagen und Formularen, die Sie für Ihre eigenen Projekt-Nachbetrachtungen entweder unverändert einsetzen oder den individuellen Anforderungen anpassen können.

12.1 Das ist nach der Einführung noch zu erledigen

Auch nach der Einführung sind Projekte meist noch nicht vollständig fertig. Häufig fallen noch folgende Arbeiten an:

Verbleibende Arbeiten

- Restarbeiten erledigen
- Nachbesserungen durchführen
- Feed-Back-Formulare ausfüllen, auswerten und analysieren
- Mitarbeiter beurteilen
- Projektnachkalkulation durchführen

12.2 Restarbeiten und Nachbesserungen

Alle noch zu erledigenden Tätigkeiten können Sie in einer einfachen und formlosen To-Do-Liste festhalten. Legen Sie in jedem Fall für alle noch durchzuführenden Tätigkeiten einen Termin und Verantwortliche fest. Bei größerem Umfang sollten Sie jedoch für Restarbeiten und Nachbesserungen einen detaillierten Arbeitsauftrag schreiben.

Restarbeiten / Nacharbeiten	
Projekt	
Arbeitspaket	
Zielbeschreibung	
Aufgabenstellung	
Erwartetes Ergebnis	
Fertigstellungstermin	
Verfügbare Ressourcen	
Personal	
Material	
Budget	
Bemerkungen	
Unterschrift Projektleiter	*Unterschrift Verantwortlicher*

Auftragsformular für Rest- und Nacharbeiten

Um aus dem Projekt zu lernen, sollten Sie das Feedback der Projekt-mitarbeiter erfassen. Auf diese Weise erfahren Sie, wie das Projekt aus deren Sicht gelaufen ist. Die Auswertung einer entsprechenden Umfrage kann für weitere Projekte hilfreich sein und soll helfen, künftig Fehler zu vermeiden und die Projektarbeit zu optimieren.

Feedback der Mitarbeiter

Nachdem die wesentlichen Teile der Projektarbeit abgeschlossen sind, sollten auch die einzelnen Projektmitglieder beurteilt werden. Dabei handelt es sich um ein Verfahren, die Leistung und/oder das Entwicklungspotenzial von Mitarbeitern anhand feststehender Kriterien zu beurteilen.

Beurteilung der Mitarbeiter

Last but not least sollte eine Projektnachkalkulation durchgeführt werden. Dazu können u. a. der erarbeitete Soll/Ist-Vergleich heran-gezogen oder die Verfahren der Wirtschaftlichkeitsrechnung mit Istwerten durchgeführt werden.

Projektnach-kalkulation

12.3 Die Arbeitshilfen zu diesem Kapitel

Wie bereits erläutert, gibt es auch nach dem offiziellen Projektab-schluss noch einiges zu tun. Dazu haben wir drei Arbeitshilfen für Sie erstellt, die Sie bei den Abschluss- und Analysearbeiten unter-stützen sollen.

Im Einzelnen handelt es sich um die folgenden Tools:

* PM_Restarbeiten.xls
* PM_FeedBack.xls
* PM_Mitarbeiterbeurteilung.xls

Siehe CD-ROM

Alle Restarbeiten erfassen

In der Arbeitshilfe **PM_Restarbeiten.xls** können Sie alle noch zu er-ledigenden Restarbeiten, die das Projekt betreffen, erfassen. Das Tool arbeitet dazu mit den Tabellen **Restarbeiten** und **Auftrag**.

Siehe CD-ROM

In der Tabelle **Restarbeiten** werden arbeitspaketbezogen verschiede-ne Informationen abgefragt.

Restarbeiten und Nachbesserungen								
Projektbezeichnung:			Datum:					
Projektleiter								
Arbeits-paket	Bezeichnung der noch durchzuführenden Tätigkeit	Restarbeit / Nachbesserung	Dauer	Einheit	Termin		Verant-wortlicher	Bemerkung

In dieser Übersicht werden Restarbeiten und Nachbesserungen erfasst.

In der Tabelle **Auftrag** wird der Auftrag für die Rest- bzw. Nacharbeiten erteilt. Dazu werden folgende Informationen im Formular erfasst:

- Projektbezeichnung
- Zugehöriges Arbeitspaket
- Zielbeschreibung der Rest- bzw. Nacharbeit
- Aufgabenstellung
- Erwartetes Ergebnis
- Fertigstellungstermin
- Verfügbare Ressourcen (Personal, Material, Budget)
- Bemerkungen

So erhalten Sie Feedback über das Projekt

Siehe CD-ROM

Die Arbeitshilfe **PM_FeedBack.xls** hilft Ihnen zu beurteilen, wie das Projekt aus Sicht der Projektmitarbeiter gelaufen ist. Abgefragt wird zum Beispiel, wie die Stimmung im Projektteam oder wie zufrieden das Team mit dem Projektleiter war.

Das Formular gliedert sich in folgende Beurteilungsbereiche:

- Projektteam,
- Projektleiter,
- Projektarbeit,
- Persönliches.

In der Rubrik „Projektteam" geht es in erster Linie um die Zusammenarbeit im Projekt.

Feedback-Formular

Projektbezeichnung: Datum:

Projektleiter

Projektteam

Wie beurteilen Sie die Zusammenarbeit mit den anderen Teammitgliedern?

Wie war die Stimmung im Projektteam?

Gab es Probleme unter den Teammitgliedern?

Gab es Probleme mit Abteilungen, Bereichen, Organisationen im Unternehmen?

Wenn ja, welche?

Wie funktionierte die Kommunikation untereinander?

Der obere Teil des Feedback-Formulars mit fragen zum Team

Im Anschluss an die Beurteilung des Projektteams folgt eine Beurteilung der Projektleitung aus Sicht der Projektmitarbeiter. Hier geht es unter anderem um dessen fachliche Kompetenz und Führungsqualitäten. Weitere Fragen befassen sich mit der Konfliktbewältigung und dem Organisationstalent.

Im Abschnitt „Projektarbeit" sind Fragen zur praktischen Durchführung des Projekts zu beurteilen. Dabei stehen die Einhaltung der Projektziele, die Übersicht des Projekts und die Verständlichkeit der Aufgaben im Vordergrund. Am Ende des Formulars beurteilen die

Projektmitglieder aus ihrer Sicht die zeitliche Kalkulation, das Budget und eventuelle Störfaktoren.

Projektleitung

Wie beurteilen Sie

Kompetenz?

Führungsqualität?

Organisationstalent?

Wie bewältigte die Projektleitung Konflikte?

Projektarbeit

Waren die Projektziele transparent?

War die Struktur des Projekts übersichtlich?

Waren die Aufgabenstellungen verständlich?

Wenn ja, warum nicht?

War die zeitliche Kalkulation realisierbar?

War das Budget angemessen?

Gab es Störfaktoren von Außen?

Wenn ja, welche?

Der mittlere Teil des Feedback-Formulars

Zu guter Letzt haben die Teammitglieder die Möglichkeit, persönliche Empfindungen aufzuzeigen. Die Antworten werden aus Dropdownlisten ausgewählt. Individuelle Eingabemöglichkeiten sind durch einen hellgrauen Zellhintergrund gekennzeichnet.

Persönliches

Hat Ihnen die Projektarbeit Spaß gemacht?

Würden Sie gerne wieder an einem Projekt mitarbeiten?

Waren viele Überstunden fällig?

Waren Sie insgesamt mit der Projektarbeit zufrieden?

Haben Sie Verbesserungsvorschläge?

Wenn ja, welche?

Bemerkungen / Sonstiges

Der untere Teil stellt Fragen an die Mitarbeiter

Die Mitarbeiter im Projekt abschließend beurteilen

Die Datei **PM_Mitarbeiterbeurteilung.xls** enthält einen Beurteilungsbogen, in dem Sie als Projektleiter die Projektmitarbeiter am Ende des Projekts nach verschiedenen Kriterien beurteilen können. Das Formular ist so aufgebaut, dass Sie mit Hilfe von Options- und Dropdownfeldern oder Kontrollkästchen verschiedene Beurteilungskriterien in einer Checkliste auswählen können.

Siehe CD-ROM

Diese wiederum sind mit bestimmten Punktzahlen verbunden. Mit Hilfe einer Formel werden die Punkte zusammengezählt, sodass die Auswertung der Leistungsbeurteilung kaum Arbeit verursacht.

Im oberen Teil des Formulars werden die Mitarbeiterdaten wie Name, Personal-Nummer, Geburtsdatum, Betriebszugehörigkeit etc. erfasst. Dort wird auch die erreichte Punktzahl ausgewiesen.

Mitarbeiterbeurteilung

Projektbezeichnung

Name	Personal-Nr.	geboren	Eintrittsdatum
Peter Maier	47221	10.09.1961	01.04.1980

Abteilung	Dienstrang	Bezeichnung der Stelle	Vorgesetze/r
Controlling	Abteilungsleiter	AL Rechnungswesen	Geschäftsführung

Erreichte Punktzahl	116	Anteil an der max. Punktzahl von 131	89%

Waren für das Projekt ausreichende Kenntnisse und Erfahrungen vorhanden?

☑ ja   ☐ nein

Wie wurden die Kenntnisse und Erfahrungen eingesetzt?

Beweglichkeit im Denken	Erkennen des Wesentlichen	Gezeigte Selbstständigkeit
Entspricht voll den Erwartungen ▼	Entspricht voll den Erwartungen ▼	Liegt weit über den Erwartungen ▼

Wie wird der Arbeitseinsatz beurteilt?

Eigeninitiative	Ausdauer	Zuverlässigkeit
Liegt weit über den Erwartungen ▼	Liegt weit über den Erwartungen ▼	Liegt weit über den Erwartungen ▼

Der obere Teil des Mitarbeiterbeurteilungsbogens

Es folgt der eigentliche Fragenteil. In den Dropdownfeldern stehen folgende Einträge im Hinblick auf die Erwartungen, die man an den Mitarbeiter hat, als Beurteilungskriterien zur Disposition:

- Entspricht nie den Erwartungen
- Entspricht selten den Erwartungen
- Entspricht im Allgemeinen den Erwartungen
- Entspricht voll den Erwartungen
- Liegt über den Erwartungen
- Liegt weit über den Erwartungen

Im Hinblick auf die Qualität der Leistung stehen folgende Beurteilungskriterien zur Verfügung: „sehr gering", „gering", „ausreichend", „zufriedenstellend", „hoch", „sehr hoch".

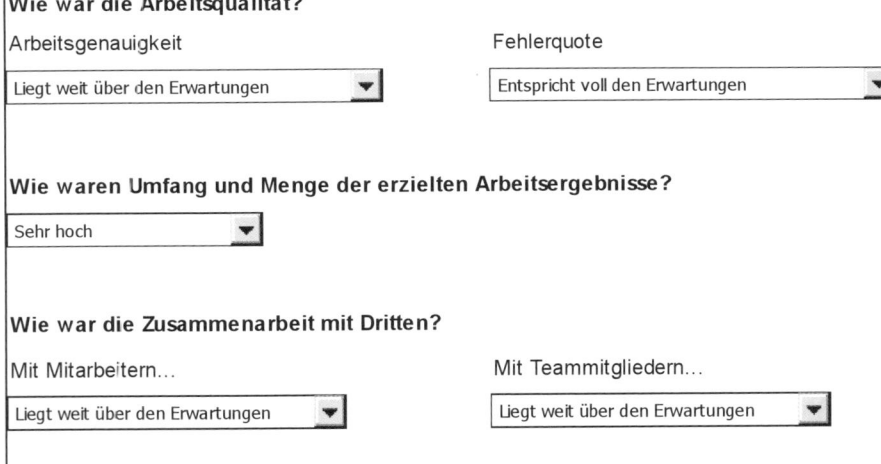

Wie war die Arbeitsqualität?

Arbeitsgenauigkeit

| Liegt weit über den Erwartungen ▼ |

Fehlerquote

| Entspricht voll den Erwartungen ▼ |

Wie waren Umfang und Menge der erzielten Arbeitsergebnisse?

| Sehr hoch ▼ |

Wie war die Zusammenarbeit mit Dritten?

Mit Mitarbeitern...

| Liegt weit über den Erwartungen ▼ |

Mit Teammitgliedern...

| Liegt weit über den Erwartungen ▼ |

Detail aus dem Mitarbeiterbeurteilungsbogen

12.4 Excel-Know-how

Das Formular zur Beurteilung von Projektmitarbeitern arbeitet mit Options-, Dropdownfeldern und Kontrollkästchen. Diese Steuerelemente werden mit Hilfe der Symbolleiste **Formular** eingerichtet. Letztere blenden Sie über **Ansicht → Symbolleisten → Formular** ein.

Mit Hilfe der Optionsfelder im Formular entscheiden Sie, ob für die Tätigkeit im Projekt genügend Kenntnisse und Erfahrungen vorhanden waren. Ein Optionsfeld richten Sie wie folgt ein:

Optionsfelder

1. Klicken Sie auf die Schaltfläche **Optionsfeld** und ziehen Sie mit gedrückter linker Maustaste ein entsprechendes Feld auf. Markieren Sie den Vorgabetext und überschreiben Sie ihn mit **Ja**.
2. Ziehen Sie ein zweites Optionsfeld auf und überschreiben Sie den Text mit **Nein**. Klicken Sie dieses Optionsfeld mit der rechten Maustaste an und wählen Sie im Kontextmenü den Befehl **Steuerelement formatieren**.
3. In der folgenden Dialogbox wechseln Sie auf die Registerkarte **Steuerung**. Geben Sie unter **Ausgabeverknüpfung** die Zelle an, in der das Ergebnis erscheinen soll, und verlassen Sie das Dialogfeld über **OK**.

Ein Dropdownfeld richten Sie über die Schaltfläche **Kombinationsfeld** ein, die Sie ebenfalls in der Symbolleiste **Formular** finden. Rufen Sie auch hier den Dialog **Steuerelement formatieren** über das Kontextmenü auf.

Kombinationsfelder

Geben Sie auf der Registerkarte **Steuerung** unter **Listenbereich** den Bereich an, den Sie im Vorfeld vorbereitet haben. Die Angabe einer Ausgabeverknüpfung erfolgt im Beispiel in der Zelle **B76**.

Wird die erste Auswahlmöglichkeit gewählt, erscheint in **B76** eine **1**, bei der zweiten Wahl die Ziffer **2** usw. Die Ermittlung der Punkte erfolgt in **B77**. Für die schlechteste Bewertung soll der Kandidat keine Punkte erhalten. Dann soll eine Abstufung im Abstand von je zwei Punkten erfolgen. Dies erreichen Sie über die Formel: **=2*B76-2**

Weitere Beurteilungskriterien können über **Kontrollkästchen** abgefragt werden. Die Kontrollkästchen im unteren Teil des Fragebogens werden wie die übrigen Felder über die Symbolleiste **Formular** erstellt. Das obere Kontrollkästchen ist im Beispiel mit der Zelle **B108** verknüpft.

Kontrollkästchen

Wenn später beim Ausfüllen des Formulars das Kontrollkästchen aktiviert ist, wird in der Ausgabeverknüpfung **WAHR**, ansonsten **FALSCH** wiedergegeben.

Auch diese Wahrheitswerte werden mit Punkten bewertet, um sie mit den übrigen bewerteten Positionen vergleichbar zu machen. Dazu wird mit folgender Formel gearbeitet:

=WENN(B108=WAHR;2;0)

Die Gesamtpunktzahl

Die einzelnen Positionen werden in Spalte **G** addiert. In der Zelle **B9** wird die Summe der einzelnen Zwischenergebnisse mit der Formel gebildet: **=SUMME(G67:G110)**

Auf diese Weise enthält man einen schnellen Überblick über die Bewertung des Teilnehmers. Die maximale Punktzahl beträgt im Beispiel **131**. In der Zelle **F9** wird noch der Anteil am maximalen Ergebnis ausgewiesen. Dazu arbeiten Sie mit folgender Formel:

=B9/131

Wie war die Zusammenarbeit mit Dritten?			
Mitarbeiter	Teammitgliedern	Vorgesetzte	
Punkte 5	5	5	15
Durchsetzungsvermögen	Verhandlungsgeschick		
Punkte 2	5		7
Weitere Beurteilungsmerkmale			
Fortbildungsbereitschaft	2 Punkte		2
Flexibilität	2 Punkte		2
Bereitschaft zu Mehrarbeit	2 Punkte		2
		Summe	**116**

Ausschnitt aus der Ergebnisansicht der Mitarbeiterbeurteilung (Beispiel); ganz unten die Summe aller Teilergebnisse (nicht komplett abgebildet)

12.5 Zusammenfassung

Alle Rest- und Nachbesserungsarbeiten sollten im Rahmen der Projektarbeit in **To-Do-Listen** festgehalten werden.

Um aus dem Projekt zu lernen, sollten Sie mit **Feed-Back-Formularen** arbeiten.

Es empfiehlt sich, nach dem Projekt die einzelnen Projektmitglieder zu beurteilen und eine **Projektnachkalkulation** durchzuführen.

Die Musterlösung zur Beurteilung von Projektmitarbeitern arbeitet mit Options-, Dropdownfeldern und Kontrollkästchen. Diese Steuerelemente werden mit Hilfe der Symbolleiste **Formular** eingerichtet. Letztere blenden Sie über **Ansicht → Symbolleisten → Formular** ein. Um die Auswahl eines Steuerelements weiterzuverarbeiten, arbeiten Sie mit einer Zellverknüpfung.

13 So verknüpfen Sie Ihre Excel-Tools

Mit Verknüpfungen ermöglicht es Excel, Informationen nicht nur aus anderen Tabellenarbeitsblättern, sondern auch aus anderen Arbeitsmappen zu holen. Von der Formel zur Verknüpfung ist es innerhalb einer Tabelle nur ein kleiner Schritt. Die nächste Ausbaustufe ist die Verbindung zwischen Zellen in unterschiedlichen Tabellen oder sogar Mappen.

Diese Technik ist zwar etwas aufwändiger und umfangreicher, sollten Sie sich aber im Rahmen Ihrer Projektarbeit zu Nutze machen. Mit der Verknüpfungstechnik ersparen Sie sich so manches Mal das zeitaufwändige Erfassen von Datenmaterial. In diesem Kapitel zeigen wir Ihnen, wie Sie Verknüpfungen einsetzen und worauf Sie ganz besonders achten müssen, um Pannen zu vermeiden.

13.1 Effektiv arbeiten

Mit der Verknüpfungstechnik ersparen Sie sich so manches Mal das zeitaufwändige Erfassen von Datenmaterial. Aber wie bei so vielen Dingen im Leben bringt die Arbeit mit Verknüpfungen verschiedene Nachteile mit sich. Die Technik mit Verknüpfungen ist aufwändig und an einigen Stellen kompliziert. Deshalb ist eine sorgfältige Arbeitsweise die wichtigste Voraussetzung dafür. Der Bezug zur verknüpften Datei muss immer stimmen, ansonsten findet Excel die gewünschten Informationen nicht und Sie erhalten Fehlermeldungen.

Wenn Sie Informationen aus einer Excel-Datei in eine andere Arbeitsmappe holen, kann die Verknüpfung beispielsweise folgendermaßen aussehen:

C:\Projektmanagement\Arbeitspakete.xls!Liste!A1

Für eine Verknüpfung müssen die folgenden Informationen über die verknüpften Daten vorliegen:

* Pfad der verknüpften Datei
* Dateiname
* Tabellenarbeitsblatt und Zelle(n) der verknüpften Information

13.2 So verknüpfen Sie Ihre Tools

Zunächst möchten wir Ihnen anhand eines praktischen Beispiels zeigen, wie Sie Informationen verschiedener Arbeitsmappen miteinander verknüpfen.

So übernehmen Sie Informationen aus der Ablaufplanung in die Kostenplanung

Angenommen Sie möchten Informationen aus Ihrer Ablaufplanung in die Kostenplanung übernehmen. Dazu sind die folgenden Arbeitsschritte erforderlich:

1. Öffnen Sie die beiden Arbeitsmappen **PM_Ablaufplan.xls** und **PM_Kostenplan.xls**. Wechseln Sie in die Arbeitsmappe, in die Sie Daten übernehmen möchten. Das ist dann Ihre Zieldatei.
2. Möchten Sie beispielsweise die Felder **Arbeitspaket-Nr.** und **Arbeitspaketbezeichnung** in die Tabelle **Kostenplan** der Datei **PM_Kostenplan.xls** übernehmen, aktivieren Sie die gewünschte Tabelle und positionieren Sie den Cursor in der Zelle, in die Sie die erste Information holen möchten.
3. Tippen Sie ein Gleichheitszeichen ein und wechseln Sie daraufhin in die gewünschte Tabelle des Tools **PM_Ablaufplan.xls**. Dort drücken Sie die **Enter**-Taste. Das war es schon. Die Verknüpfung wurde damit eingerichtet.

A9	▼	*f_x* =[PM_Ablaufplan.xls]Arbeitspaketliste!$A$6

Planung Projektkosten

Zeile einfügen

Projektbezeichnung:

Arbeitspaket Nr.	Arbeitspaket-Bezeichnung	ursprüngliche Plankosten	Anteil an den Gesamtkosten	angepasste Plankosten	Anteil an den Gesamtkosten	absolute Abweichung	relative Abweichung
1711							

So sieht die Verknüpfung im Beispiel aus.

Excel macht die Arbeit für Anwender besonders durch seine Eigenschaft komfortabel, dass Sie Formeln, die Sie häufiger benötigen, vervielfältigen, das heißt, kopieren können.

Das trifft auch auf Verknüpfungen zu. Es ist nicht erforderlich, jede Verknüpfung separat einzurichten. Sie können die Verknüpfung in die nachfolgenden Zeilen und bei Bedarf auch in Nachbarspalten kopieren. Eine Verknüpfung ist nichts anderes als eine Formel, die wie folgt aussieht:

=[PM_Ablaufplan.xls]Arbeitspaketliste!$A$6

Da es sich bei einer Verknüpfung um einen absoluten Zellbezug handelt, müssen Sie die Formel noch geringfügig anpassen.

Entfernen Sie das Dollarzeichen ($) vor der Zeilenbezeichnung, um die Daten des Ablaufplans in die nachfolgenden Zeilen des Kostenplans zu holen. Die Formel sieht danach folgendermaßen aus:

=[PM_Ablaufplan.xls]Arbeitspaketliste!$A6

Um die Verknüpfungen auch in Spalten übertragen zu können, wird die Formel wie folgt angepasst:

=[PM_Ablaufplan.xls]Arbeitspaketliste!A6

13.3 Besonderheiten im Umgang mit verknüpften Tools

Wenn Sie mit verknüpften Dateien arbeiten, werden Sie beim Öffnen einer Datei, die Verknüpfungen enthält, automatisch gefragt, ob Sie die Verknüpfungen aktualisieren möchten.

Durch einen Klick auf die Schaltfläche **Aktualisieren** erreichen Sie, dass alle Änderungen, die in der Datei, aus der Sie Informationen holen, durchgeführt wurden, automatisch in die Zieldatei übernommen werden.

Für den Fall, dass Sie in der Datei **PM_Ablaufplan.xls** eine Korrektur durchgeführt haben, würde diese Korrektur über die Aktualisierung automatisch in die Datei **PM_Kostenplan.xls** übernommen.

Die Aktualisierungsbestätigung abschalten

Ist Ihnen diese Meldung aber auf Dauer zu lästig, können Sie sie auch unterdrücken. Gehen Sie dazu wie folgt vor:

1. Wählen Sie in der Datei **PM_Kostenplan.xls** die Menübefehle **Extras → Optionen** und wechseln Sie auf die Registerkarte **Bearbeiten**.
2. Deaktivieren Sie die Option **Aktualisieren von automatischen Verknüpfungen bestätigen**. Die Daten werden dann zwar weiterhin aktualisiert, der Abfragedialog beim Öffnen einer Datei erscheint aber nicht mehr. Verlassen Sie den Dialog mit einem Klick auf **OK**.

13.4 Verknüpfungen ermitteln und löschen

Wenn Sie zwei Excel-Dateien miteinander verknüpft haben, können Sie jederzeit über Befehle in der Menüleiste feststellen, zu welchen Dateien Verknüpfungen bestehen.

Verknüpfungen einsehen

Gehen Sie dazu wie folgt vor:

1. Öffnen Sie das Menü **Bearbeiten → Verknüpfungen** in der Menüleiste.

2. Sie gelangen automatisch in den Dialog **Verknüpfungen bear-beiten**, in dem Sie angezeigt bekommen, zu welchen Dateien Verknüpfungen existieren.

Verknüpfungen per VBA-Makro auflisten

Komfortabler ist es jedoch, sich die Verknüpfungen mit Hilfe eines VBA-Makros auflisten zu lassen. Sie benötigen dazu keine VBA-Kenntnisse, denn das Makro haben wir für Sie bereits erstellt, Sie müssen es nur noch in die gewünschte Arbeitsmappe übernehmen.

Das Makro legt ein weiteres Tabellenarbeitsblatt an und schreibt die vorhandenen Verknüpfungen in diese Tabelle.

Wechseln Sie mit der Tastenkombination **Alt + 11** in die VBA-Ent-wicklungsumgebung und legen Sie dort ein neues Modul mit dem folgenden Code an:

```
Sub VerknüpfungenAuflisten()
  Dim Anzahl As Variant
  Dim i As Integer
  Dim n As Worksheet
  Dim Blatt As String
  Blatt = "Liste Verknüpfungen"
  For Each n In Worksheets
    If n.Name = Blatt Then
      Application.DisplayAlerts = False
      n.Delete
      Application.DisplayAlerts = True
    End If
  Next
  Sheets.Add
  ActiveSheet.Name = Blatt
  Range("A1").Select
  Anzahl = ActiveWorkbook
  .LinkSources(xlExcelLinks)
  If Not IsEmpty(Anzahl) Then
    For i = 1 To UBound(Anzahl)
```

```
      Cells(i, 1) = Anzahl(i)
    Next i
  Else
    Cells(1, 1) = "Es existiert keine
    Verknüpfung!"
  End If
End Sub
```

Speichern Sie das Modul und verlassen Sie anschließend die VBA-Entwicklungsumgebung über die Tastenkombination **Alt + Q**.

Verknüpfungen aufspüren und löschen

Lästig werden Verknüpfungen immer dann, wenn Sie sie nicht mehr benötigen. Leider lassen sie sich nicht so einfach wieder löschen, wie sie angelegt wurden.

So entfernen Sie Verknüpfungen Um Verknüpfungen wieder loszuwerden, machen Sie sich folgende Eigenschaft der Verknüpfungen zu Nutze: In der Regel werden die Verknüpfungen zwischen zwei Excel-Dateien mit Hilfe von Zellformeln erstellt. Diese Formeln sind hilfreich, wenn Sie nicht mehr relevante Verknüpfungen löschen möchten. Dabei gehen Sie folgendermaßen vor:

1. Wählen Sie **Bearbeiten** → **Suchen**.
2. Im Dialog **Suchen und Ersetzen** tragen Sie in das Feld **Suchen nach** ein Ausrufezeichen ein.
3. Erweitern Sie den Dialog durch einen Klick auf die Schaltfläche **Optionen**.
4. Wählen Sie in der Auswahlliste unter **Suchen** den Eintrag **Arbeitsmappe**.
5. Klicken Sie auf die Schaltfläche **Alle Suchen**. Das Fenster **Suchen und Ersetzen** wird wiederum erweitert. Die Verknüpfungen werden im unteren Teil des Dialogs aufgelistet.
6. Durch einen Klick auf die Schaltfläche **Weitersuchen** spüren Sie die Verknüpfungen nacheinander auf.
7. Löschen Sie in jeder Zelle die Formel und ersetzen Sie diese gegebenenfalls durch den Wert der Zelle.

13.5 Zusammenfassung

Excel macht es möglich, Informationen nicht nur aus anderen Tabellenarbeitsblättern, sondern auch aus anderen Arbeitsmappen zu holen. Mit der Verknüpfungstechnik ersparen Sie sich zeitaufwändiges Erfassen von Datenmaterial.

Im Zusammenhang mit einer **Verknüpfung** müssen entsprechend folgende Informationen zur verknüpften Datei korrekt vorliegen:

* Pfad der verknüpften Datei
* Dateiname
* Tabellenarbeitsblatt und Zelle der verknüpften Information

Um eine Verknüpfung einzurichten, öffnen Sie die Datei, aus der Sie Daten übernehmen möchten, und die Datei, in die Sie die Daten einfügen möchten. Geben Sie ein Gleichheitszeichen in die Zelle ein, in die die Daten übertragen werden sollen, und wechseln Sie jetzt in die gewünschte Tabelle der Datei, die die Daten enthält. Dort drücken Sie einfach die **Enter**-Taste.

Wenn Sie mit verknüpften Dateien arbeiten, werden Sie beim Öffnen dieser Datei automatisch gefragt, ob Sie die Verknüpfungen aktualisieren möchten. Durch einen Klick auf die Schaltfläche **Aktualisieren** werden alle Verknüpfungen auf den neuesten Stand gebracht.

Über **Bearbeiten → Verknüpfungen** stellen Sie fest, zu welchen Dateien Verknüpfungen existieren.

Mit Hilfe der Suchfunktion und des Ausrufezeichens haben Sie die Möglichkeit, Verknüpfungen aufzufinden.

14 Projektressourcen in Szenarien abbilden

Mit dem Szenario-Manager stellt Excel eine Art Planspiel für Was-wäre-wenn-Analysen zur Verfügung. Dabei geht es schwerpunktmäßig darum, dass Sie sich durch das Vergleichen verschiedener Szenarien an eine Lösung für ein bestimmtes Problem herantasten. Eine Funktion also, die Ihnen im Rahmen der Projektarbeit wertvolle Dienste leisten kann. Lesen Sie hier, wie Sie den Szenario-Manager optimal einsetzen.

14.1 Verschiedene Situationen durchspielen

Ein **Szenario** ist eine Art Gedankenexperiment oder auch Planspiel, mit dessen Hilfe das Zusammenwirken verschiedener Faktoren auf bestimmte Situationen oder Entwicklungen hin abgeschätzt werden kann. Ziel ist es, sich durch das Vergleichen verschiedener Szenarien an eine Lösung für ein bestimmtes Problem heranzutasten. Szenarien bieten dabei Hilfestellung, die Folgen von Planungen abzuschätzen oder Zusammenhänge zu erkennen, die vorher nicht deutlich gewesen sind. Zu Grunde liegt in der Regel eine Fragestellung, die mit den Mitteln eines oder mehrerer Szenarien geklärt werden soll.

Was ist ein Szenario?

Übertragen auf eine Excel-Tabelle bedeutet ein Szenario, dass das Modell mit einem Satz von veränderlichen Werten durchgespielt wird: Szenario A arbeitet mit dem Wertesatz 1, Szenario B mit dem Wertesatz 2, Szenario C mit dem Wertesatz 3 usw. Dabei werden Werte in Zellen geändert. Auf diese Weise prüft die Tabellenkalkulation, in welcher Weise sich die Änderungen auf die Ergebnisse von Formeln im Tabellenblatt auswirken.

Der Szenario-
Manager

Der **Szenario-Manager** berücksichtigt dabei bis zu 32 Variable. Der Vorteil in der praktischen Arbeit besteht darin, dass Excel die Variablen statt auf einer Vielzahl von Tabellen nur auf zwei Arbeitsblättern abbildet. In der einen Tabelle befinden sich die Ausgangsdaten, in der zweiten Tabelle der Szenariobericht. Dadurch bleibt Ihr gesamtes Arbeitsmappenprojekt übersichtlich.

Bevor Sie mit dem Szenario-Manager arbeiten können, müssen Sie das Tabellenmodell aufbauen und festlegen, welche Daten variabel sein sollen. Die entsprechenden Zellen werden später im Szenario-Manager als veränderbar angegeben.

Der Szenario-
Bericht

Der Szenario-Bericht, den Sie per Mausklick generieren, zeigt alle Szenarien auf einen Blick. Damit haben Sie die Möglichkeit, die verschiedenen Parameter und die daraus resultierenden Ergebnisse zu vergleichen.

14.2 Arbeitszeitszenarien für Ihre Projektmitarbeiter

Obwohl die Arbeit mit dem Szenario-Manager mit zunehmender Komplexität interessanter wird, wollen wir Ihnen die Funktionsweise dieses Instruments anhand eines einfachen Beispiels zeigen. Auf diese Art ist die Vorgehensweise verständlicher und besser zu durchschauen.

Nun zu unserem Beispiel: Angenommen, Sie möchten eine Prognose für voraussichtliche Personalkapazitäten im Rahmen Ihrer Projektarbeit für zwei Teammitglieder erstellen. Die zur Verfügung stehende Arbeitszeit ist von folgenden Faktoren abhängig:

- Tägliche Beschäftigungszeit
- Anteil der täglichen Arbeitszeit am Projekt
- Zeitraum, in dem der Mitarbeiter dem Projekt zur Verfügung steht
- Anzahl der Urlaubstage während des Projektzeitraums
- Anzahl sonstiger Fehlzeiten während des Projektzeitraums

Zum Zeitpunkt der Prognose sind die Faktoren **Projektanteil** und **sonstige Fehlzeiten** nicht bekannt. Für diese beiden Komponenten müssen Sie mit Annahmen arbeiten. Das hat folgende Gründe: Die Geschäftsführung hat sich noch nicht im Hinblick auf den Projektanteil geäußert. Die sonstigen Fehlzeiten, die u. a. Abwesenheit durch Krankheit beinhalten, müssen ohnehin geschätzt werden.

Die Vorbereitungsarbeiten

Bevor Sie mit dem Szenario-Manager arbeiten, sind Vorbereitungsarbeiten zu leisten. Zunächst müssen Sie das Tabellenmodell aufbauen. Beginnen Sie mit der Anlage des Arbeitsblattes nach dem Muster der folgenden Abbildung:

Das Tabellenmodell aufbauen

	A	B	C	D	E	F	G	H	I	J	K	L
1	**Ressourcenplan Mitarbeiter**											
2												
3	Projekt:	Einführung eines Travel-Management-System										
4	Pers.-Nr.	Name	tägliche Beschäftigungszeit	Projektanteil	täglich zur Verfügung stehende Zeit	Zeitraum von	Zeitraum bis	Arbeitstage	Urlaubstage im Zeitraum	Sonstige Fehlzeiten	Nettotage	Nettostunden
5	1212	Frieda Müller	8	50%	4	01.07.2007	31.12.2007	128	15	10	103	412
6	1313	Anton Schmitz	7,5	75%	5,625	01.07.2007	31.12.2007	128	10	10	108	607
7		Gesamt			9,625			256	25		211	1019

Richten Sie ein Arbeitsblatt anhand dieses Beispiels ein.

Die Formeln, die im Tabellengerüst der Abbildung verwendet werden, finden Sie in der folgenden Tabelle:

Zelle	Formel
E5	=C5*D5
E6	=C6*D6
E7	=SUMME(E5:E6)
H5	=NETTOARBEITSTAGE(F5;G5;Feiertage!A5:A17)
H6	=NETTOARBEITSTAGE(F6;G6;Feiertage!A5:A17)
H7	=SUMME(H5:H6)
K5	=H5-I5-J5
K6	=H6-I6-J6
K7	=SUMME(K5:K6)

Zelle	Formel
L5	=ABRUNDEN(K5*E5;0)
L6	=ABRUNDEN(K6*E6;0)
L7	=SUMME(L5:L6)

Die Formeln zur Berechnung der Werte mit dem Szenario-Manager

Veränderbare Zellen

Welche Zellen veränderbar sind, ist von Modell zu Modell völlig unterschiedlich. Im aktuellen Beispiel sind der Projektanteil und die sonstigen Fehlzeiten variabel. Die entsprechenden Zellen wurden mit einem grauen Zellhintergrund gekennzeichnet.

Sie werden später im Szenario-Manager als veränderbar angegeben. Dadurch werden sowohl die Nettostunden pro Mitarbeiter als auch die Gesamtstunden variieren.

Die veränderbaren Zellen benennen

Bevor Sie mit dem eigentlichen Erstellen der Szenarien beginnen, sollten Sie die veränderbaren Zellen benennen. Die Arbeit mit Namen anstelle von abstrakten Zellbezügen hat folgende Vorteile:

- Excel benennt – wie Sie im Verlauf des Beispiels noch sehen werden – die veränderbaren Zellbereiche im Dialog **Szenariowerte**. Ohne die Namen müssten Sie hier mit abstrakten Zellbezügen arbeiten. Dadurch würde das Tabellengerüst unübersichtlich.

- Die Namensdefinitionen werden später für die Berichterstellung übernommen. Auch dort werden die Namen, anstatt der Zellbezüge eingesetzt. Auf diese Weise werden die Berichte übersichtlicher und besser lesbar.

So vergeben Sie Namen für Zellen und Tabellenbereiche

Um Namen für Zellen oder Tabellenbereiche zu vergeben, gehen Sie wie folgt vor:

1. Markieren Sie die Zelle, der Sie einen Namen zuweisen möchten.
2. Rufen Sie über den Befehl **Einfügen → Namen → Definieren** die Dialogbox **Namen definieren** auf.
3. Im Feld **Namen in der Arbeitsmappe** tragen Sie die gewünschte Bezeichnung ein. Über die Schaltfläche **Hinzufügen** wird dieser Begriff als **Bereichsname** übernommen.
4. Sind die Namen wie gewünscht definiert, verlassen Sie den Dialog über **OK**.

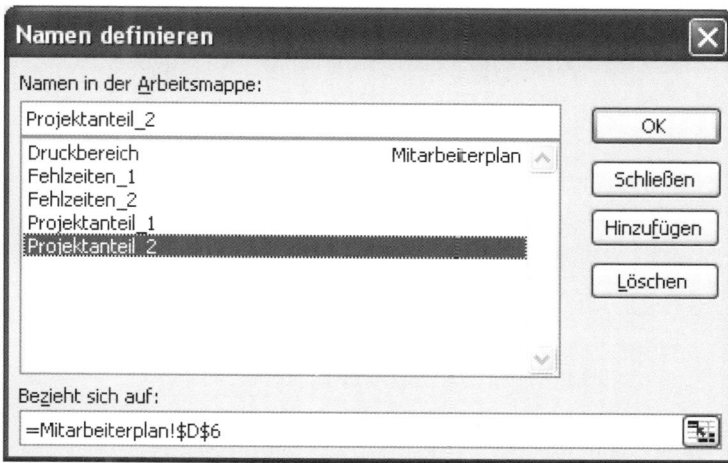

Definieren Sie Namen für die Arbeit mit dem Szenario-Manager.

In der Beispielanwendung wird mit den Namen der folgenden Tabelle gearbeitet:

Zelle	Name
D5	Fehlzeiten_1
D6	Fehlzeiten_2
E5	Projektanteil_1
E6	Projektanteil_2
E7	TäglicheArbeitszeit
K7	Nettotage
L7	Nettostunden

Die Namen zur Berechnung der Werte mit dem Szenario-Manager

Tipp:

Benannte Bereiche können Sie direkt anspringen. Drücken Sie dazu die Funktionstaste **F5**. Sie gelangen in den Dialog Gehe zu. Dort klicken Sie den Namen des Bereichs an.

Den Szenario-Manager aufrufen

Nachdem Sie damit alle Vorbereitungen getroffen haben, rufen Sie den Szenario-Manager auf. Führen Sie folgende Arbeitsschritte durch:

1. Markieren Sie den Zellbereich **D5** bis **D6** und **J5** bis **J6**. Mehrfachmarkierungen erhalten Sie bei gedrückter **Strg**-Taste.
2. Wählen Sie **Extras → Szenarien**. Über die Schaltfläche **Hinzufügen** gelangen Sie in das Dialogfenster **Szenario hinzufügen**.
3. Vergeben Sie im Feld **Szenarioname** einen Namen für das Szenario, wie im Beispiel **Realistische Prognose**.
4. Excel übernimmt in das Feld **Veränderbare Zellen** die Zelle bzw. den Zellbereich, der momentan im Tabellenarbeitsblatt markiert ist. Wenn Sie die veränderbaren Zellen bereits im Vorfeld markiert haben, überspringen Sie dieses Feld.
5. Bei Bedarf besteht noch die Möglichkeit, einen Kommentar zu dem Szenario anzulegen. Automatisch erscheinen hier der **Benutzername** und das **Erstelldatum** des Szenarios. Wenn Sie einen Kommentar erfassen möchten, müssen Sie lediglich in das entsprechende Textfeld klicken und dort die gewünschte Anmerkung eintragen.
6. Entscheiden Sie sich im Bereich **Schutz** für die gewünschte Variante und haken Sie das gewünschte Kontrollkästchen ab. Aktivieren Sie die Option **Änderungen verhindern**, erreichen Sie, dass das Szenario nicht geändert werden kann, wenn Sie es anschließend über **Extras → Schützen** vor Änderungen sichern. Dabei haben Sie die Möglichkeit, für jede der angelegten Varianten unterschiedlich vorzugehen. Das heißt, Sie können zum Beispiel die pessimistische Variante schützen, während Sie die günstigste Prognose freigeben.
7. Verlassen Sie die Dialogbox über die Schaltfläche **OK**. Auf diese Weise gelangen Sie automatisch in den Dialog **Szenariowerte**. Dort werden die gewünschten Werte für die veränderbaren Zellen eingetragen. Sie können dort ebenfalls die Ausgangswerte aus der zuvor angelegten Tabelle übernehmen.
8. Im Dialog **Szenariowerte** tragen Sie die Prognosewerte in die einzelnen Felder des Fensters **Szenariowerte** ein. Die Beispieldaten

entnehmen Sie der folgenden Abbildung. Prozentzahlen können Sie wahlweise mit %-Zeichen oder als Dezimalzahl erfassen.

9. Verlassen Sie den Dialog **Szenariowerte** und das Dialogfenster **Szenario-Manager** mit einem Klick auf **OK**.

*Das Fenster **Szenariowerte** zeigt maximal fünf veränderbare Zellen.*

Sie haben nun die Möglichkeit, das Szenario unter den neuen Bedingungen anzusehen. Für das Beispiel sollen jedoch weitere Szenarien eingetragen werden. Dazu sind die folgenden Schritte erforderlich:

Das Szenario unter den neuen Bedingungen anschauen

1. Klicken Sie erneut die Schaltfläche **Hinzufügen** an. Tragen Sie im Feld **Szenarioname** den Begriff **Optimistische Prognose** ein. Übernehmen Sie die Werte der folgenden Abbildung. Diese Prognose soll sich durch besonders hohe Projektanteile sowie möglichst niedrige Fehlzeiten auszeichnen.

*Die Werte der **optimistischen Prognose***

2. Verlassen Sie die Dialogbox über die Schaltfläche **OK**. Erfassen Sie zum Abschluss das Szenario **Pessimistische Prognose**.

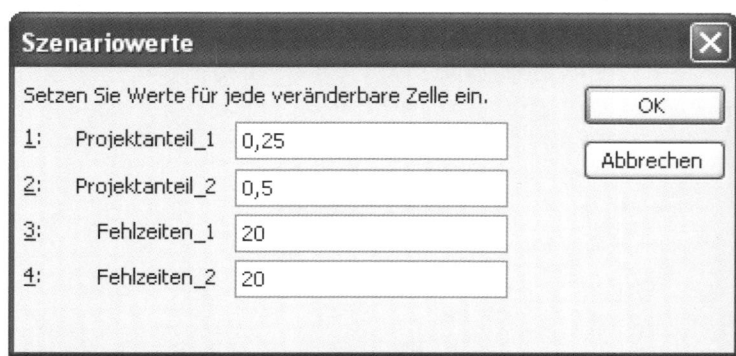

*Die Werte der **pessimistischen Prognose***

3. Diese Prognose geht von niedrigen Projektanteilen und hohen Fehlzeiten aus. Bestätigen Sie die Eingaben. Verlassen Sie den Dialog **Szenario-Manager** aber noch nicht.

Der Szenario-Bericht

In der Regel ist es angebracht, alle Szenarien auf einen Blick anzusehen. Dann kann man direkt die verschiedenen Parameter und die daraus resultierenden Ergebnisse – im Beispiel die Nettostunden im Projekt – vergleichen.

So erstellen Sie einen Szenario-Bericht

Um einen Bericht zu erstellen, führen Sie folgende Arbeitsschritte durch:

1. Klicken Sie im Dialog Szenario-Manager auf Zusammenfassung.
2. Im Dialog Szenariobericht wählen Sie unter Berichtstyp den Eintrag Szenariobericht. Geben Sie als Ergebniszelle L7 an und verlassen Sie den Dialog über OK.

Sie erhalten einen Übersichtsbericht über die aktuellen Werte und die eingetragenen Szenarien in einem eigenen Tabellenarbeitsblatt.

	A	B	C	D	E	F	G
1							
2		**Szenariobericht**					
3				Aktuelle Werte:	Realistische Prognose	Optimistische Prognose	Pessimistische Prognose
5		Veränderbare Zellen:					
6			Projektanteil_1	50%	50%	60%	25%
7			Projektanteil_2	75%	75%	80%	50%
8			Fehlzeiten_1	10	10	2	20
9			Fehlzeiten_2	10	10	2	20
10		Ergebniszellen:					
11			Nettostunden	1019	1019	1228	553
12		Anmerkung: Die Aktuelle Wertespalte repräsentiert die Werte der veränderbaren					
13		Zellen zum Zeitpunkt, als der Szenariobericht erstellt wurde. Veränderbare Zellen					
14		für Szenarien sind in grau hervorgehoben.					
15							

Der Szenariobericht mit einer Ergebniszelle

Sie haben aber auch die Möglichkeit, einen Szenariobericht mit mehreren Ergebniszellen zu erzeugen. Geben Sie dazu die gewünschten Zellen im Dialog **Szenariobericht** durch Semikola getrennt an.

Das Ergebnis dieses Szenarioberichts sehen Sie in der folgenden Abbildung:

	A	B	C	D	E	F	G
1							
2		**Szenariobericht**					
3				Aktuelle Werte:	Realistische Prognose	Optimistische Prognose	Pessimistische Prognose
5		Veränderbare Zellen:					
6			Projektanteil_1	50%	50%	60%	25%
7			Projektanteil_2	75%	75%	80%	50%
8			Fehlzeiten_1	10	10	2	20
9			Fehlzeiten_2	10	10	2	20
10		Ergebniszellen:					
11			Nettostunden	1019	1019	1228	553
12			TäglicheArbeitszeit	9,625	9,625	10,8	5,75
13			Nettotage	211	211	227	191
14		Anmerkung: Die Aktuelle Wertespalte repräsentiert die Werte der veränderbaren					
15		Zellen zum Zeitpunkt, als der Szenariobericht erstellt wurde. Veränderbare Zellen					
16		für Szenarien sind in grau hervorgehoben.					
17							

Szenariobericht mit drei Ergebniszellen

Ein Szenario löschen

Szenarien lassen sich selbstverständlich auch wieder vollständig entfernen. Beachten Sie dabei folgende Punkte:

So löschen Sie ein Szenario

- Der Löschvorgang erfolgt ohne Sicherheitsabfrage.
- Löschbefehle im Zusammenhang mit Szenarien lassen sich nicht rückgängig machen.

- Beim Löschen eines Szenarios übernimmt die Tabelle die Werte des zuletzt angezeigten Szenarios.

Um ein Szenario zu löschen, wählen Sie im Menü **Extras → Szenarien**. Markieren Sie den Namen des Szenarios, das Sie entfernen möchten, und klicken Sie anschließend auf die Schaltfläche **Löschen**.

Bearbeiten eines Szenarios

So bearbeiten Sie ein Szenario

Szenarien lassen sich selbstverständlich auch noch nachträglich bearbeiten. Wenn Sie nach Änderung eines Szenarios dessen Namen beibehalten, werden die Werte im ursprünglichen Szenario durch die neuen Werte für die veränderbaren Zellen ersetzt. Um ein Szenario zu bearbeiten, führen Sie folgende Arbeitsschritte durch:

1. Öffnen Sie den Szenario-Manager und klicken Sie auf den Namen des zu bearbeitenden Szenarios und anschließend auf die Schaltfläche **Bearbeiten**.
2. Sie gelangen in den Dialog **Szenario bearbeiten**. Durch einen Klick auf die Schaltfläche **OK** gelangen Sie in das Fenster **Szenariowerte**.
3. Führen Sie die gewünschten Änderungen durch und tragen Sie im Dialogfenster **Szenariowerte** die neuen Werte für die veränderbaren Zellen ein. Durch einen Klick auf die Schaltfläche **OK** übernehmen Sie die Änderungen.
4. Sie kehren zurück in das Fenster **Szenario-Manager**. Dort können Sie bei Bedarf einen neuen Bericht erstellen.

14.3 Zusammenfassung

Ein **Szenario** ist eine Art Gedankenexperiment oder auch Planspiel, mit dessen Hilfe das Zusammenwirken verschiedener Faktoren auf bestimmte Situationen oder Entwicklungen hin abgeschätzt werden kann. Excel stellt für derartige Modellrechnungen den **Szenario-Manager** zur Verfügung, den Sie über **Extras → Szenarien** aktivieren.

Bevor Sie mit dem Szenario-Manager arbeiten können, müssen Sie das Tabellenmodell aufbauen und festlegen, welche Daten variabel sein sollen.

Bereichsnamen erleichtern die Übersicht bei der Arbeit mit dem Szenario-Manager. Namen erstellen Sie über **Einfügen → Namen → Definieren**. Im Feld **Namen in der Arbeitsmappe** tragen Sie die gewünschte Bezeichnung ein. Über die Schaltfläche **Hinzufügen** wird dieser Begriff als Bereichsname übernommen.

Der **Szenariobericht**, den Sie per Mausklick generieren, zeigt alle Szenarien auf einen Blick. Damit haben Sie die Möglichkeit, die verschiedenen Parameter und die daraus resultierenden Ergebnisse zu vergleichen.

15 Arbeiten mit Formeln und Funktionen

Oft kommen Sie in der Praxis mit einfachen Formeln zum gewünschten Ergebnis, etwa wenn Sie Plankosten addieren oder Arbeitsstunden kalkulieren. Sobald die Berechnungen aber komplexer werden, schleicht sich gerne mal der Fehlerteufel ein.

Vor allem, wenn Sie im Rahmen Ihrer Projektplanung mit Datums- und Zeitwerten arbeiten, hat Excel die eine oder andere Überraschung für den Anwender parat.

Lesen Sie hier, wie Sie Formeln geschickt aufbauen und wichtige Funktionen zielgerichtet einsetzen. Außerdem zeigen wir Ihnen, wie Sie die häufigsten Fehler vermeiden und welche Excel-Werkzeuge bei der Fehlersuche behilflich sind.

15.1 Rüstzeug für Ihre Berechnungen

In vielen Fällen werden Sie lediglich einfache Formeln benötigen, um zum gewünschten Ergebnis zu gelangen. Etwa wenn Sie Planzahlen addieren oder miteinander vergleichen möchten. Zu den Rechenergebnissen gelangen Sie, indem Sie Zahlenwerte, Zellbezüge und Operatoren miteinander in einer Formel verknüpfen.

Darüber hinaus bietet Ihnen die Tabellenkalkulation Excel aber noch zahlreiche weitere Möglichkeiten und Funktionen, um die Arbeit rund um das Thema Formeln zu optimieren:

So optimieren Sie Ihre Formeln in Excel

- Mit dem Einsatz von Klammern können Sie wie in der Mathematik die Reihenfolge der Punkt-vor-Strich-Regel verändern.
- Formeln werden häufig verschoben oder kopiert. Dann ist es wichtig darauf zu achten, ob die Bezüge relativ oder absolut sind. Ein relativer Bezug passt beim Verschieben und Kopieren von

Formeln in andere Zellen die Zellbezüge automatisch an. Dies ist jedoch nicht immer erwünscht. Selbstverständlich ist es möglich, die so genannten relativen Bezüge in absolute zu verwandeln und die Formeln in ihrer Ursprungsform zu übernehmen.

- Häufig können Sie sich das mühsame Erstellen einer Formel schenken. Excel verfügt nämlich über zahlreiche vordefinierte Rechenvorschriften in Form von Funktionen. Diese werden im so genannten Funktions-Assistenten verwaltet. Eine Funktion ist immer dann hilfreich, wenn die Formel nicht auf einfache Art und Weise über die Tastatur eingegeben werden kann, wie zum Beispiel beim Auf- und Abrunden von Zahlen.

- Damit Sie sich in der Menge der zur Verfügung stehenden Funktionen besser zurechtfinden, sind diese in Funktionskategorien geordnet.

- In komplexen Tabellenmodellen sind in der Praxis teilweise umfangreiche Berechnungen erforderlich, um das gewünschte Ergebnis zu erhalten. Dann müssen Sie unter Umständen Formeln und Funktionen miteinander verschachteln.

- Häufig kommt es vor, dass Formeln auf Grund komplizierter Rechenschritte recht komplex werden. Wenn sich der Fehlerteufel einschleicht, helfen spezielle Pannenfunktionen.

15.2 Einfache Formeln für Berechnungen

Eine Formel ist die Grundlage für jegliche Art der Berechnung – egal ob Sie lediglich Zahlen addieren oder den Mehrwertsteueranteil aus einem Bruttobetrag ermitteln möchten.

So rechnen Sie mit Zellbezügen, Zahlenwerten und arithmetischen Operatoren

Die Formel ist die Anweisung, bestimmte Rechenschritte in einer Zelle durchzuführen, und beginnt in der Regel mit einem Gleichheitszeichen.

Beim Einsatz der Formel =**C5**+**C6**+**C7** wird die Summe aller Zahlen gebildet, die sich in den genannten Zellen befindet. Dabei wird mit so genannten Zellbezügen gearbeitet. Die Angabe **C5** bildet den Bezug zur Zelle **C5**, **C6** den Bezug zur Zelle **C6** usw. Die einzelnen Zellbezüge werden durch einen arithmetischen Operator, in diesem Fall ein Pluszeichen, miteinander verknüpft.

Rechnen mit Zellbezügen

Anstatt mit Zellbezügen, haben Sie auch die Möglichkeit, direkt mit Zahlenwerten zu arbeiten und diese mit den Operatoren zu verknüpfen. Eine solche Berechnung kann beispielsweise wie folgt aussehen:

Rechnen mit Zahlenwerten

=35894-2715

Sie haben auch die Möglichkeit, Zellbezüge und Zahlenwerte innerhalb einer Formel zu kombinieren.

Rechnen mit Zellbezügen und Zahlenwerten

=C5+C6+25

Operatoren

Operatoren definieren den Rechenweg, der mit den Elementen einer Formel durchgeführt werden soll. Excel unterscheidet folgende Arten von Operatoren:

- **Arithmetische Operatoren** wie Plus- oder Minuszeichen führen elementare mathematische Operationen durch, wie zum Beispiel eine Addition oder eine Subtraktion.

- **Vergleichsoperatoren** vergleichen zwei Werte und liefern den Wahrheitswert **WAHR** oder **FALSCH**.

- **Textoperatoren** verknüpfen mehrere Texte oder Werte und Texte zu einem einzigen Text.

- **Bezugsoperatoren** stellen eine Verbindung zu anderen Zellen her. Bezüge können eine Zelle oder Gruppen von Zellen in einem Tabellenblatt bezeichnen. In der Praxis ist der Doppelpunkt als Bezugsoperator für einen Bereich von Bedeutung.

Eine Übersicht über die wichtigsten Operatoren enthält die folgende Tabelle:

Operator	Kategorie	Bedeutung
-	Arithmetischer Operator	Negatives Vorzeichen
%	Arithmetischer Operator	Prozent
^	Arithmetischer Operator	Potenz
*	Arithmetischer Operator	Multiplikation
/	Arithmetischer Operator	Division
+	Arithmetischer Operator	Addition
-	Arithmetischer Operator	Subtraktion
=	Vergleichsoperator	Gleich
>	Vergleichsoperator	Größer als
<	Vergleichsoperator	Kleiner als
>=	Vergleichsoperator	Größer oder gleich
<=	Vergleichsoperator	Kleiner oder gleich
<>	Vergleichsoperator	Ungleich
& (Kaufmännisches Und)	Textoperator	Textverknüpfung (verbindet zwei Textwerte zu einem zusammenhängenden Text)
: (Doppelpunkt)	Bezugsoperator	Bezug eines Zellbereichs
; (Semikolon)	Bezugsoperator	Vereinigung
..(Leerzeichen)	Bezugsoperator	Schnittmenge

Die wichtigsten Operatoren für Berechnungen in Formeln

Bedeutung von Klammern

Ein weiterer bedeutender Bestandteil von Excel-Formeln sind Klammern. Wichtig bei ihrem Einsatz ist, dass diese korrekt gesetzt werden.

Fehler bei der Klammersetzung führen zu falschen Ergebnissen oder Fehlermeldungen. Excel geht wie in der Mathematik nach der **Punkt-vor-Strich-Regel** vor:

- Multiplikationen und Divisionen werden demnach vor Additionen oder Subtraktionen ausgeführt. Das bedeutet, über die Berechnungsreihenfolge entscheiden die Prioritäten der einzelnen Operatoren.

- Die Reihenfolge der Punkt-vor-Strich-Regel kann man mit Hilfe von Klammern verändern, da diese eine höhere Priorität besitzen als alle Operatoren.

- Der Einsatz von Klammern wird zum Beispiel benötigt, wenn Sie wie in der folgenden Abbildung den Arbeitsaufwand ermitteln möchten.

G6	▼	f_x =((D6+E6)+4*F6)/6

Aufwandschätzung

Projekt: Einführung Travelmanagement

Nr.	Bezeichnung	Zeiteinheit	Opti- mistischer Aufwand	Pessi- mistischer Aufwand	Wahr- schein- licher Aufwand	Errechneter Aufwand
1735	Buchungsliste erstellen	Stunde	20	30	25	25

Berechnung eines Wertes unter Einsatz von Klammern

15.3 Absolute und relative Zellbezüge

Excel macht die Arbeit für Anwender besonders dadurch komfortabel, dass Sie Formeln, die Sie häufiger benötigen, vervielfältigen, das heißt kopieren können. Wenn Sie beispielsweise in einer Tabelle die Formel =+**C9-D9** gebildet haben, müssen Sie diese nicht in den nachfolgenden Zeilen erneut angeben. Sie kopieren diese lediglich in die folgenden Zeilen.

Um Formeln in die nachfolgenden Zeilen zu kopieren, gehen Sie wie folgt vor:

So kopieren Sie Formeln

1. Setzen Sie den Cursor in die Zelle, die Sie kopieren möchten.

2. Bewegen Sie den Mauszeiger in die linke untere Ecke, bis er die Form eines kleinen schwarzen Kreuzes annimmt. Ziehen Sie die Markierung mit gedrückter linker Maustaste so weit nach unten, bis Sie die Anzahl gewünschter Zellen erreicht haben.

3. Lassen Sie die Maustaste erst los, wenn der Bereich, in den Sie die Formel kopieren möchten, komplett umrandet ist.

Relative/abso-
lute Zellbezüge

Möglich ist dies, da Excel mit so genannten **relativen** Zellbezügen
arbeitet. Relative Zellbezüge sind im Gegensatz zu **absoluten** Zellbezügen von der Position der Formelzelle abhängig.

E9	▼	f_x =D9/$D$18	
	D	E	F
8	Plankosten	Anteil an den Gesamtkosten	
9	22.000,00 €	38%	
10	2.900,00 €	5%	
11	7.500,00 €	13%	
12	5.000,00 €	9%	
13	7.800,00 €	13%	
14	1.700,00 €	3%	
15	3.100,00 €	5%	
16	2.000,00 €	3%	
17	6.000,00 €	10%	
18	58.000,00 €	100%	

Excel unterscheidet absolute und relative Zellbezüge.

Deutlich wird dies am praktischen Beispiel: In Zelle **E9** wird der Anteil der gesamten Plankosten aus **D9** an der Gesamtsumme aus **D18**
mit Hilfe der Formel =**D9/$D$18** ermittelt. Hier wird mit einem relativen Bezug (**D9**) und einem absoluten Bezug (**$D$18**) gearbeitet.
Absolute Bezüge erkennt man an dem Dollarzeichen.

Beim Kopieren der Formel aus **E9** wird diese in **E10** wie folgt geändert:

=D10/$D$18

Das heißt, die Zahl, die dividiert wird, wird in Abhängigkeit von der
Zellposition angepasst, da es sich um einen relativen Bezug handelt.
Der Bezug auf die Zelle **D18** bleibt bestehen, da hier ein absoluter
Bezug vorliegt.

15.4 Einsatz von Funktionen

Eine Funktion ist eine Rechenvorschrift und wichtiger Bestandteil der Tabellenkalkulation. Mit den integrierten Excel-Funktionen lassen sich Standardberechnungen wie zum Beispiel das Ermitteln von Summen durchführen. Der Funktions-Assistent unterstützt Sie bei dieser Aufgabe.

Die Funktion Summe

Auch die Addition umfangreicher Zahlenkolonnen lässt sich mit Hilfe einer Excel-Funktion durchführen. Anstatt, wie bei den bislang vorgestellten Additionsverfahren, jede Zelle einzeln aufzuführen, wird die Addition über ganze Zellbereiche durchgeführt. Da diese Funktion besonders häufig benötigt wird, stellt Excel zu ihrem Aufruf eine eigene Schaltfläche in der **Standard**-Symbolleiste zur Verfügung.

Um mit der Schaltfläche **AutoSumme** zu arbeiten, führen Sie folgende Arbeitsschritte durch:

Die Schaltfläche AutoSumme

1. Klicken Sie zunächst die Zelle, in der das Ergebnis erscheinen soll, und anschließend das Symbol **AutoSumme** in der **Standard**-Symbolleiste an.
2. Wenn Sie die Schaltfläche **AutoSumme** aus der Standard-Symbolleiste verwenden, sucht Excel ab der aktiven Zelle den nächsten zusammenhängenden Bereich von Zahlen und schlägt diesen für die Addition vor.
3. Das Programm umrandet den Bereich für das aktuelle Zahlenbeispiel mit einem gestrichelten Laufrahmen und schlägt die Formel vor. Sie sehen die Formel in der Bearbeitungsleiste. Akzeptieren Sie den Vorschlag, indem Sie die **Enter**-Taste drücken.

Eine Funktion eingeben

Nicht ganz so einfach, aber dennoch recht komfortabel, arbeiten Sie mit dem **Funktions-Assistenten**. Es gibt verschiedene Möglichkeiten, Funktionen einzugeben:

- Sie geben den Funktionsnamen sowie die Argumente manuell ein. Hierbei ist es erforderlich, dass Sie die genaue Syntax der Funktion kennen. Um zum Beispiel das Ergebnis der Division **200/3** auf eine Nachkommastelle kaufmännisch zu runden, benötigen Sie die Syntax: **=RUNDEN(200/3;1)**

- Alternativ benutzen Sie den Funktions-Assistenten über die Befehlsfolge **Einfügen → Funktion**. Die Arbeit mit dem Funktions-Assistenten hat den Vorteil, dass die Eingaben nicht so fehleranfällig sind, als wenn Sie die Syntax manuell erfassen.

So arbeiten Sie mit dem Funktions-Assistenten

Um das Ergebnis der Berechnung 200 dividiert durch 3 mit Hilfe des Funktions-Assistenten kaufmännisch zu runden, gehen Sie wie folgt vor:

1. Markieren Sie zunächst die Zelle, in der die Berechnung durchgeführt werden soll. Wählen Sie **Einfügen → Funktion**.

2. Entscheiden Sie sich im folgenden Dialogfenster unter **Kategorie auswählen** (Excel 2000: **Funktionskategorie**) für den Eintrag **Math. & Trigonom.**

3. Klicken Sie nacheinander in der Liste unter **Funktion auswählen** (Excel 2000: **Name der Funktion**) auf den Eintrag **Runden** und die Schaltfläche **OK**.

4. Sie gelangen in den zweiten Schritt des Funktions-Assistenten, den Dialog **Funktionsargumente** (in Excel 2000 wird dieser Dialog ohne Titelleiste eingeblendet).

5. Unter **Zahl** geben Sie an, welche Zahl gerundet werden soll. Mit **Anzahl_Stellen** legen Sie die Anzahl der zu rundenden Stellen fest. Verlassen Sie den Dialog durch einen Klick auf **OK**. Das Formelergebnis können Sie bereits im unteren Teil des Fensters ablesen.

Die Funktion RUNDEN

Die Funktion **RUNDEN** rundet die Werte kaufmännisch. Das heißt, Werte ab fünf werden aufgerundet, Werte unter fünf abgerundet. Ist Anzahl gleich Null, wird die Zahl auf die nächste ganze Zahl gerundet. Für den Fall, dass die Anzahl kleiner als Null ist, wird der links des Dezimalzeichens stehende Teil der Zahl gerundet. Nachfolgend noch weitere Beispiele, wie diese Funktion rundet:

- Mit der Formel **=RUNDEN(11,93;1)** runden Sie einen Wert von **11,93** auf **11,90**.

- Mit der Formel **=RUNDEN(11,93;0)** runden Sie einen Wert von **11,93** auf **12,00**.

- Mit der Formel **=RUNDEN(128943;-3)** runden Sie einen Wert von **128.943** auf **129.000**.

Selbstverständlich können Sie bei den Argumenten, wie in jeder anderen Funktion, auch Zellbezüge angeben.

Die Funktionskategorien

Damit Sie sich innerhalb der zahlreichen unterschiedlichen Funktionen zurechtfinden, werden diese in Excel so genannten Funktionskategorien zugeordnet, die wie folgt unterschieden werden:

- Finanzmathematische Funktionen
- Datums- und Zeitfunktionen
- Mathematische & trigonometrische Funktionen
- Statistische Funktionen
- Datenbankfunktionen
- Textfunktionen
- Logische Funktionen
- Informationsfunktionen
- Matrixfunktionen
- Technische Funktionen
- Benutzerdefinierte Funktionen
- Zuletzt verwendete Funktionen

Die **finanzmathematischen Funktionen** behandeln Themen wie beispielsweise Abschreibung oder Zinsrechnung. Für die Projektarbeit sind Sie insbesondere im Rahmen von Wirtschaftlichkeitsberechnungen wichtig. *Finanzmathematische Funktionen*

Im Zusammenhang mit den **Datums- und Zeitfunktionen** geht es um die Berechnung von Zeitwerten. Mit der Funktion **HEUTE** er- *Datums- und Zeitfunktionen*

203

halten Sie z. B. das aktuelle Tagesdatum. Bei dieser Funktion wird kein Argument benötigt. Im Rahmen der Projektarbeit werden Datums- und Zeitfunktionen u. a. benötigt, um Endtermine und Arbeitstage zu ermitteln.

Mathematische und trigonometrische Funktionen

Mathematische und trigonometrische Funktionen beschäftigen sich sowohl mit den Grundrechenarten wie Subtraktion, Addition, Multiplikation, Division als auch mit Potenzen, Logarithmen oder Rundungen. Sie werden im Rahmen der Projektarbeit immer wieder benötigt, von der Addition von Plankosten bis hin zur Abweichungsanalyse im Zusammenhang mit Soll/Ist-Vergleichen.

Statistische Funktionen

Statistische Funktionen bieten eine Vielzahl von Auswertungen, sowohl für professionelle als auch recht einfache Anwendungen, wie zum Beispiel das Ermitteln des Mittelwertes, um Durchschnittswerte im Rahmen der Projektarbeit zu errechnen.

Datenbankfunktionen

Excel verfügt über spezielle **Datenbankfunktionen**, die man auf Datenbanken und listenförmige Tabellen anwenden kann. Sie können in komplexen Projekten von Bedeutung sein.

Textfunktionen

Textfunktionen arbeiten mit Texten. Damit sind Sie u. a. in der Lage, Textelemente zu suchen, zu ersetzen oder zu verknüpfen. Sie spielen in der Projektarbeit eine eher untergeordnete Rolle.

Logische Funktionen

Logische Funktionen operieren mit Wahrheitswerten und vergleichen zwei Werte. Sie liefern von zwei möglichen Werten den Wahrheitswert **WAHR** oder **FALSCH**. In der Praxis – auch im Rahmen des Projektmanagements – wird häufig die **WENN**-Funktion eingesetzt.

Informationsfunktionen

Im Rahmen der **Informationsfunktionen** werden zwei Gruppen unterschieden. Die eine Gruppe bilden die so genannten **IST**-Funktionen. Sie liefern einen Wahrheitswert, **WAHR** oder **FALSCH**. Die übrigen Informationen beginnen nicht mit **IST**. Sie liefern und bearbeiten Informationen zu Ihrer Excel-Umgebung.

Matrixfunktionen

Mit Hilfe der **Matrixfunktionen** lassen sich Matrizen sowie Zellbereiche berechnen. Matrixformeln verkürzen die Eingabezeit für immer wiederkehrende Formeln. Im Rahmen der technischen Funktionen geht es u. a. um das Umrechnen von Maßeinheiten oder das Rechnen mit Fakultäten.

Die Gruppe **Alle** umfasst alle Funktionen, die zur Verfügung stehen. Unter **Zuletzt verwendet** finden Sie die zehn Funktionen, mit denen Sie zuletzt gearbeitet haben. **Benutzerdefinierte Funktionen** erstellen Sie selber und setzen fortgeschrittene Excel-Kenntnisse voraus.

Der Aufbau einer Funktion

Bei der Arbeit mit Funktionen ist unbedingt zu beachten, dass Sie sich genau an die Vorgaben hinsichtlich des Aufbaus und der Schreibweise einer Funktion halten. Alle Funktionen enthalten die in der folgenden Tabelle aufgelisteten Komponenten:

Komponente	Bedeutung
Funktionsname	Anhand der Bezeichnung erkennt Excel, welche Funktion verwendet werden soll. Funktionsnamen sind z. B. **SUMME** oder **PRODUKT**.
Argumente	Werte, mit denen eine Funktion Berechnungen durchführt. Man unterscheidet Argumente, die zwingend erforderlich, und jene, die nicht unbedingt notwendig sind.
Syntax	Die Zeichenreihenfolge einer Funktion heißt Syntax. Sie entspricht der genauen Schreibweise einschließlich der Argumente. Wenn Sie mit dem Funktions-Assistenten arbeiten, müssen Sie sich nicht um die Syntax kümmern.
Gleichheitszeichen	Wie eine Formel wird auch eine Funktion mit einem Gleichheitszeichen eingeleitet. Wenn Sie mit dem Funktions-Assistenten arbeiten, müssen Sie sich um die Gleichheitszeichen nicht kümmern.
Klammern	Die Klammern schließen die Argumente der Funktion ein. Vor und hinter einer Klammer sind keine Leerzeichen erlaubt.
Semikolon	Semikola trennen die einzelnen Argumente. Sie werden nur für Funktionen benötigt, in denen es mindestens zwei Argumente gibt.

Die wichtigsten Operatoren für Berechnungen in Formeln

Verschachtelte Funktionen

Excel bietet die Möglichkeit, Funktionsaufrufe miteinander zu verschachteln. Das bedeutet, dass man beim Aufruf einer Funktion als Argument eine andere Funktion angibt:

=WENN(E9=0;0;ABS(M9/E9))

An dieser Stelle werden die beiden Funktionen **WENN** und **ABS** miteinander verknüpft. Die **WENN**-Funktion prüft in diesem Fall, ob eine Fehlerquelle vorliegt. Das Ergebnis kann bekanntlich **WAHR** oder **FALSCH** sein:

- Die **Prüfung** ermittelt, ob der Wert in Zelle **E9** dem Wert **0** entspricht.

- Der **Dann-Wert** ist das Ergebnis der Funktion, wenn die Wahrheitsprüfung **WAHR** ergibt, also ein Fehler existiert. Für **WAHR** steht in diesem Fall quasi stellvertretend der Wert **0**.

- **Sonst-Wert** ist das Resultat der Funktion, wenn die Wahrheitsprüfung **FALSCH** ergibt, also in diesem Fall keine Fehlerquelle vorhanden ist. Dann wird der zu errechnende Wert übergeben. Im Beispiel ist das der absolute Wert, der sich aus der Division der Zellen **M9** und **E9** ergibt.

15.5 Mit Datums- und Zeitwerten rechnen

Beim Rechnen mit Zeiten und Datumsangaben, wie sie im Rahmen des Projektmanagements häufig vorkommen, gibt es einige Besonderheiten zu beachten. Probleme ergeben sich, wenn Sie über die 24-Stunden-Grenze rechnen oder wenn Sie in einer Zelle, in die Sie zuvor ein Datum eingetragen haben, eine Dezimalzahl darstellen möchten.

Rechnen mit Zeiten

Beim Rechnen mit Zeiten erhalten Sie als Anwender häufig unsinnige Ergebnisse. Mal ist die Addition falsch, ein anderes Mal zeigt Excel anstatt der gewünschten Zahl lediglich Rauten.

Die Addition von Stunden führt unter Umständen zu einem falschen Ergebnis.

Rechnen mit mehr als 24 Stunden

A6	▼	f_x =SUMME(A2:A5)		
	A	B	C	D
1	Stunden			
2	03:00			
3	15:00			
4	07:00			
5	10:00			
6	11:00			
7				

Hier liegt offensichtlich ein Rechenfehler vor.

Anstatt der **35** Stunden, die als Ergebnis der Beispielrechnung erscheinen sollten, werden lediglich **11** Stunden ausgewiesen. Das liegt daran, dass Excel im Standardformat nur bis 24 Stunden rechnen kann. Alle anderen Stunden werden von Excel abgeschnitten.

Das korrekte Ergebnis erhalten Sie, indem Sie die Zelle mit der Gesamtzeit mit einem besonderen Format versehen. Gehen Sie dazu wie folgt vor:

1. Wählen Sie **Format → Zellen**. Aktivieren Sie im folgenden Fenster die Registerkarte **Zahlen**. Entscheiden Sie sich dort für die Kategorie **Benutzerdefiniert**.
2. Geben Sie in das Feld **Typ** das Format [**h**]**:mm** ein. Bei diesem Format wird im Gegensatz zum Vorgabeformat (**hh:mm**) die korrekte Stundenzahl ausgewiesen. Bestätigen Sie die Eingabe mit einem Klick auf **OK**.
3. Anschließend wird das Ergebnis korrekt gezeigt.

Auch das Rechnen mit negativen Uhrzeiten ist in Excel nicht ohne Weiteres möglich. Möchten Sie beispielsweise Soll- und Ist-Zeiten miteinander vergleichen, erhalten Sie bei Minuswerten standardmäßig an Stelle eines Ergebnisses die Anzeige von Rauten.

Mit negativen Uhrzeiten arbeiten

Damit Sie auch mit negativen Zeitwerten rechnen können, sind die folgenden Arbeitsschritte erforderlich:

1. Wählen Sie Extras → Optionen.
2. Wechseln Sie auf die Registerkarte **Berechnung**.

3. Aktivieren Sie im Bereich **Arbeitsmappenoptionen** die Einstellung **1904-Datumswerte** und bestätigen Sie mit **OK**.
4. Das Ergebnis wird umgehend korrekt ausgewiesen.

Umrechnen von Zeitwerten in Dezimalzahlen

Um einen Zeitwert in eine Dezimalzahl umzuwandeln, müssen Sie eine Multiplikation mit 24 durchführen. Dies ist notwendig, da ein Tag 24 Stunden hat. Eine Stunde ist damit 1/24 Tag.

Entsprechend multiplizieren Sie einen Stundenwert mit 24, wenn Sie eine Dezimalzahl darstellen möchten.

Wissenswertes zu Datums- und Zeitfunktionen

Datum und Uhrzeit werden in Excel als serielle Zahlen gespeichert. Ausgangsbasis ist der 1.1.1900. Von diesem Datum ausgehend werden die Tage immer als ganze Zahl weitergerechnet. Datums- und Zeitfunktionen können auf Grund dieser Tatsache zwei Datumswerte miteinander verrechnen, zum Beispiel addieren oder subtrahieren.

Wenn Sie in Excel die Differenz zwischen zwei Datumswerten berechnen möchten, wird das Ergebnis ebenfalls automatisch als Datum angezeigt. In diesem Fall müssen Sie bei der Formatierung eingreifen. Der Ergebniszelle müssen Sie mit den folgenden Schritten das **Standard**-Format zuweisen:

1. Markieren Sie die gewünschte Zelle und wählen Sie **Format →
Zelle**. Wechseln Sie auf die Registerkarte **Zahlen**.
2. Klicken Sie unter **Kategorie** auf den Eintrag **Standard** und verlassen Sie das Dialogfenster über **OK**.

15.6 Pannenhilfe bei der Arbeit

Wer kennt sie nicht, die zahlreichen Fehlermeldungen, die Excel für den Anwender parat hält. Besonders lästig sind sie immer dann, wenn es in der Projektarbeit brennt, die Zeit knapp ist. Zum Glück gibt es verschiedene Werkzeuge und Arbeitshilfen, die Ihnen im Falle einer Panne helfen.

Die Formelauswertung

Wenn Sie im Rahmen Ihrer Projektarbeit mit komplexen, verschachtelten Formeln arbeiten, werden Sie die **Formelauswertung** von Excel, die seit der Version Excel 2002 zur Verfügung steht, besonders zu schätzen wissen.

Sie zeigt die einzelnen Elemente komplizierter Rechenwege an, präsentiert diese in der richtigen Reihenfolge und ist sogar für geschützte Zellen verfügbar. Darüber hinaus ist das Feature aus dem Menü **Extras** bei der Auswertung von Zwischenergebnissen hilfreich. In der praktischen Arbeit können Sie damit bei fehlerhaften Formeln erkennen, wo der Fehler genau liegt. Darüber hinaus lässt sich die Funktion zu Informationszwecken nutzen, indem Sie die Werte der einzelnen Rechenschritte abfragen.

Um mit der Formelauswertung zu arbeiten, führen Sie folgende Arbeitsschritte durch:

So arbeiten Sie mit der Formelauswertung

1. Setzen Sie die Eingabemarkierung in die Zelle, deren Formel Sie analysieren möchten, und wählen Sie **Extras → Formelüberwachung → Formelauswertung**. Falls Sie versehentlich eine leere Zelle markieren, sind die Schaltflächen des Dialogs abgeblendet.
2. Excel ruft das Dialogfenster **Formel auswerten** auf. Dort wird unter **Bezug** die Bezeichnung der aktuell markierten Zelle gezeigt. Unter **Auswertung** finden Sie die dort vorhandenen Formeln. Ein Teil dieser Formel ist unterstrichen. Das bedeutet, dass es für diesen Part ein Zwischenergebnis gibt.
3. Klicken Sie auf die Schaltfläche **Auswerten**, um das Ergebnis dieser Komponente zu zeigen. Die Formel im Bereich **Auswertung** wird verändert. An Stelle eines Formelteils erscheint das Zwischenergebnis. Über die Schaltfläche **Auswerten** lassen Sie sich jetzt nacheinander alle Teilergebnisse solange anzeigen, bis das Endergebnis erscheint.
4. Sobald der Wert angezeigt wird, verwandelt sich die Schaltfläche **Auswerten** in **Neu starten**. Mit deren Hilfe können Sie die Teilergebnisse erneut anzeigen lassen. Neben **Auswerten** finden Sie im Dialog **Formel auswerten** noch die Schaltflächen **Einzelschritt** und **Prozedurschritt**.

5. **Einzelschritt** setzen Sie ein, wenn der Zellbezug sich aus anderen Zellen errechnet. Der Bereich unter **Auswertung** wird geteilt und der Einzelschritt gezeigt. Unter **Bezug** wird aufgeführt, aus welchem Tabellenarbeitsblatt und welcher Zelle bzw. welchem Bereich der Wert stammt.

6. **Prozedurschritt** wird nach **Einzelschritt** verwendet, um wieder in den herkömmlichen Modus der Formelauswertung zurückzukehren. Häufig haben Sie gar keine andere Wahl, als diese Schaltfläche einzusetzen. Die übrigen Schaltflächen sind dann bis auf **Schließen** abgeblendet.

Die Detektivfunktion

Der **Detektiv** in Excel unterstützt Sie bei der Suche nach Fehlern. Er hilft, das Verhältnis zwischen Formeln und Zellen im Tabellenblatt zu analysieren, indem er Spurenpfeile zeichnet und Bestandteile von Formeln einrahmt.

Sie können auch mit den Befehlen im Menü **Extras → Formelüberwachung** arbeiten, komfortabler ist aber der Einsatz einer speziellen Symbolleiste, die Sie über **Extras → Formelüberwachung → Detektivsymbolleiste anzeigen** erhalten. Im Gegensatz zur Formelüberwachung stehen die Detektivbefehle nur in ungeschützten Tabellen zur Verfügung.

So arbeitet der Detektiv

Der Detektiv arbeitet mit so genannten Spuren:

- Die **Spur zum Vorgänger** zeichnet eine Linie zu allen Zellen, auf die sich eine Formel bezieht und umrandet diese. Um zu zeigen, von welchen Zellen eine Formel Werte bezieht, klicken Sie nacheinander die gewünschte Zelle und das Symbol **Spur zum Vorgänger** an. Ist die markierte Zelle von weiteren Zellen abhängig, wird eine blaue Pfeillinie zur aktiven Zelle gezogen. Die Vorgängerzelle selbst wird durch einen Punkt gekennzeichnet. Existiert kein Vorgänger, erhalten Sie einen Hinweis. Hat der Vorgänger selbst noch einen Vorgänger, klicken Sie das Icon **Spur zum Vorgänger** erneut an. Diese Methode lässt sich für mehrere Zellen wiederholen. Entsprechend zieht **Spur zum Nachfolger** Pfeile zwischen der aktiven Zelle und allen abhängigen Zellen.

* Sobald eine Zelle einen Fehlerwert anzeigt, hilft **Spur zum Fehler**. Excel sucht nach allen Zellen, auf die sich die Formel bezieht. Bei einer Fehlerspur wird die Linie durchgehend rot dargestellt.

* So wie sich die Spuren von der aktiven Zelle ausgehend Stufe um Stufe weiterverfolgen lassen, können Sie von einer aktiven Zelle aus auch wieder gelöscht werden. Über **Alle Spuren entfernen** beseitigen Sie in einem Schlag alle Spuren.

Die häufigsten Fehlermeldungen

Wenn Sie mit Formeln arbeiten, werden in der täglichen Arbeit immer wieder einmal Probleme auftreten und Sie werden mit der einen oder anderen Fehlermeldung konfrontiert.

Je nach Art des vorliegenden Fehlers zeigt Excel Ihnen den speziellen Fehlertyp an:

Fehlertyp	Ursache und Bedeutung
#####	Das Ergebnis der Zelle ist zu lang, um innerhalb der Zelle angezeigt zu werden. Diese Art von Fehlern ist schnell zu beheben. Führen Sie lediglich einen Doppelklick auf der Spaltenbegrenzungslinie aus, um die optimale Spaltenbreite einzustellen. Außerdem kann diese Fehlermeldung bei der Subtraktion von Datums- und Zeitangaben auftreten. Prüfen Sie in diesem Fall, ob Sie positive Werte verwendet haben, da Excel in diesem Fall negative Werte als Fehler wiedergibt.
#NULL	Dieser Fehlerwert wird gemeldet, wenn Sie einen Schnittpunkt für zwei Bereiche angeben, für den kein Schnittpunkt existiert.
#DIV/0!	Bei Berechnungen kommt es häufig zu dieser Fehlermeldung. Meist sind die Formeln in der Tabelle dabei korrekt, die Zelle, die den Wert für eine Division erhalten soll, ist aber noch leer. Daher beanstandet Excel diesen Umstand als Fehler, da eine Division durch Null mathematisch nicht erlaubt ist. Diesen Fehler können Sie mit Hilfe einer **WENN**-Funktion abfangen.
#WERT	Dieser Fehlerwert tritt auf, wenn für ein Argument oder einen Operanden der falsche Typ verwendet wird. Das ist u. a. dann der Fall, wenn Sie in einer Formel an Stelle einer Zahl Text eingeben.

Fehlertyp	Ursache und Bedeutung
#BEZUG	Wenn Sie Zellen löschen, die sich auf andere Formeln beziehen, erhalten Sie diese Fehlermeldung. Zur Korrektur müssen Sie entweder die fehlenden Zellen im Arbeitsblatt wieder herstellen oder die Formel ändern.
#NAME?	Die Fehlermeldung deutet darauf hin, dass etwas mit einer Bezeichnung nicht stimmt. Mögliche Gründe sind falsche Zugriffe auf Bereichsnamen oder Namen, die nicht korrekt geschrieben wurden.
#ZAHL!	Dieser Fehlerwert tritt in der Regel auf, wenn eine Formel oder Funktion ungültige numerische Werte enthält.
#NV	Das Kürzel steht für **Nicht Vorhanden** und erscheint immer dann, wenn ein Wert für eine Funktion oder Formel nicht verfügbar ist. Der Grund ist häufig, dass in einer der Funktionen **WVERWEIS, VERWEIS, VERGLEICH** oder **SVERWEIS** ein ungültiger Wert für das Argument **Suchkriterium** angegeben wird. Auch unsortierte Datenbereiche erweisen sich häufig als Stolperfalle im Zusammenhang mit den zuvor genannten Funktionen.

Die häufigsten Fehlermeldungen und ihre Ursachen

Zirkelbezüge

Immer dann, wenn sich eine Formel auf die Zelle bezieht, in der die Formel selber steht, erhalten Sie einen Zirkelbezug. Im Zusammenhang mit Zirkelbezügen unterscheidet man zwischen irrtümlichen und beabsichtigten Zirkelbezügen. Beide Varianten werden nachfolgend näher erläutert.

Irrtümliche Zirkelbezüge

Wenn Sie in eine Formel versehentlich die Zelle einbeziehen, in der die Formel steht, liegt ein irrtümlicher Zirkelbezug vor. Excel blendet einen Dialog mit einem Hinweis ein. Ist der Zirkelbezug beabsichtigt, verlassen Sie das Hinweisfenster über **Abbrechen**, ansonsten klicken Sie auf **OK**.

Die Symbolleiste Zirkelbezug

Seit der Version Excel 97 blendet Excel die Symbolleiste **Zirkelbezug** (**Zirkelverweis**) ein. Auch in der Statusleiste weist Excel auf den Zirkelbezug hin. Dort finden Sie außerdem eine Information über den Bezug auf eine der Zellen, die im Zirkelbezug enthalten ist. Fehlt die

Angabe der Zelle, befindet sich der Zirkelbezug nicht im aktiven Tabellenblatt.

Lässt sich der Zirkelbezug nicht ohne Weiteres aufspüren, analysieren Sie ihn mit Hilfe der Symbolleiste **Zirkelbezug**. Dazu führen Sie folgende Arbeitsschritte durch:

Einen Zirkelbezug aufspüren

- Klicken Sie in der Symbolleiste **Zirkelbezug** auf die erste Zelle im Feld **Zirkelbezug analysieren**.
- Überprüfen Sie die Formel dieser Zelle und korrigieren Sie diese gegebenenfalls.
- Sollten Sie feststellen, dass die markierte Zelle nicht die Ursache für den Zirkelbezug ist, klicken Sie auf die nächste Zelle im Feld **Zirkelbezug analysieren**.
- Fahren Sie fort, bis der Hinweis auf den Zirkelbezug in der Statusleiste verschwindet.

Zirkelbezüge werden in einigen Fällen ganz bewusst eingesetzt. In diesem Zusammenhang spricht man von einer iterativen Berechnung. Sie werden z. B. bei Gleichungen verwendet, in denen sich lediglich Näherungswerte ermitteln lassen. In der Praxis sind derartige Berechnungen in der Kostenrechnung denkbar:

Gewünschte Zirkelbezüge

Angenommen zwei Teilprojekte A und B verrechnen Kosten untereinander. A übernimmt einen prozentualen Kostenanteil von B und umgekehrt. Bei solchen beabsichtigten Zirkelbezügen müssen Sie das Vorgehen von Excel folgendermaßen steuern:

Wählen Sie **Extras → Optionen** und aktivieren Sie auf der Registerkarte **Berechnung** (**Berechnen**) das Kontrollkästchen **Iteration**. Auf diese Weise wird eine wiederholte Berechnung erlaubt. Anschließend bestimmen Sie die maximale Anzahl der Wiederholungen. Tragen Sie den gewünschten Wert in das Feld **Maximale Iterationszahl** ein. Der Wert entspricht der Anzahl der Iterationsschritte, die Excel maximal durchführen soll.

15.7 Zusammenfassung

Eine **Formel** ist eine Anweisung, eine bestimmte Berechnung durchzuführen. Sie wird in der Regel mit einem Gleichheitszeichen eingeleitet und zeigt das Ergebnis in einer Zelle an. Eine Formel kann sich aus folgenden Elementen oder Kombinationen dieser Elemente zusammensetzen:

- Zellbezügen
- Werten
- Operatoren
- Namen
- Bereichen
- Funktionen
- Klammern

Eine **Funktion** ist eine Rechenvorschrift und ein wichtiger Bestandteil der Tabellenkalkulation. Mit den integrierten Excel-Funktionen lassen sich Standardberechnungen wie zum Beispiel das Ermitteln von Summen durchführen. Der **Funktions-Assistent** unterstützt Sie bei dieser Aufgabe.

Wählen Sie **Einfügen** → **Funktion**. Entscheiden Sie sich im folgenden Dialog unter **Kategorie auswählen** (Excel 2000: **Funktionskategorie**) für eine Kategorie und markieren Sie in der Liste die gewünschte Funktion. Im Dialog **Funktionsargumente** geben Sie die Argumente ein.

Bei der Arbeit mit Funktionen müssen Sie unbedingt beachten, dass Sie sich genau an die Vorgaben hinsichtlich des Aufbaus und der Schreibweise einer Funktion halten.

Beim Kopieren und Verschieben von Formeln ergeben sich Unterschiede beim Einsatz von **relativen** und **absoluten** Zellbezügen. Absolute Bezüge erkennt man an einem Dollarzeichen. Sie geben die Zellenangabe exakt so wieder, wie in der Ausgangsformel. Relative Bezüge passen sich an die Position der Formelzelle an.

Beim Rechnen mit **Zeiten** und **Datumsangaben** gibt es einige Besonderheiten zu beachten. Probleme ergeben sich, wenn Sie über die 24-Stunden-Grenze rechnen. Dann ist es notwendig, mit dem benutzerdefinierten Format **[h]:mm** zu arbeiten.

Um die Differenz zwischen zwei Datumswerten berechnen zu können, wählen Sie **Extras → Optionen**. Aktivieren Sie im folgenden Fenster die Registerkarte **Berechnung**. Aktivieren Sie im Bereich **Arbeitsmappenoptionen** die Option **1904-Datumswerte**.

Die **Formelauswertung**, die Sie über **Extras → Formelüberwachung** erreichen, zeigt die einzelnen Elemente komplizierter Rechenwege an, präsentiert diese in der richtigen Reihenfolge und ist auch für geschützte Zellen verfügbar.

Der **Detektiv** in Excel unterstützt Sie bei der Suche nach Fehlern. Er hilft, das Verhältnis zwischen Formeln und Zellen im Tabellenblatt zu analysieren, indem er Spurenpfeile zeichnet und Bestandteile von Formeln einrahmt. Im Gegensatz zur Formelüberwachung stehen die Detektivbefehle nur in ungeschützten Tabellen zur Verfügung.

Immer dann, wenn sich eine Formel auf die Zelle bezieht, in der die Formel selber steht, erhalten Sie einen **Zirkelbezug**.

16 Wichtige Instrumente für die Projektarbeit

Last but not least: Zwar finden Sie begleitend zu diesem Buch zahlreiche fertige Arbeitshilfen, jedoch muss man eines immer im Auge behalten: Jedes Projekt hat seinen individuellen Charakter. Deshalb werden Sie nicht darum herumkommen, die ein oder andere Excel-Tabelle für Ihre Projektarbeit selbst einzurichten.

Aus diesem Grund stellen wir Ihnen zum Abschluss wichtige Instrumente vor, die Sie im Rahmen Ihrer Projektarbeit immer wieder einsetzen müssen. Dazu zählen Arbeiten wie die Einrichtung von Schutzmechanismen für Tabellenarbeitsblätter und komplette Arbeitsmappen, Kommentar- und Übersichtsfunktionen für komplexe Tabellen bis hin zu den optimalen Drucktechniken für Ihre Projektdateien.

16.1 Wichtige Werkzeuge für die Projektarbeit

Im ersten Kapitel haben wir das Projekt wie folgt umschrieben: „Jedes Projekt ist auf Grund seines individuellen Charakters

- einmalig,
- nicht alltäglich,
- also anders.

Das bedeutet: Die Ergebnisse eines erfolgreichen Projekts können nicht eins zu eins auf ein anderes Projekt übertragen werden, sind aber dennoch hilfreich bei dessen Durchführung."

Diese Erkenntnis wird Ihnen im Rahmen Ihrer Projektarbeit immer wieder kommen und hat auch in Ihrer Arbeit mit Excel ihre Konsequenzen. Auch wenn wir Ihnen durch die vielen fertigen Tools einige Arbeit abgenommen haben, vollständig abdecken können wir das umfangreiche Anforderungsspektrum, das Projekte mit ihren unterschiedlichen Strukturen mit sich bringen, nicht.

Deshalb haben wir abschließend verschiedene Techniken zusammengestellt, von denen wir wissen, dass Sie diese in der Projektarbeit immer wieder benötigen werden.

Dazu zählen in erster Linie:

- Schutzfunktionen
- Kommentarfunktionen
- Instrumente, mit denen Sie Übersicht in komplexen Blättern schaffen
- Drucktechniken

16.2 Schutz für Tabellen und Arbeitsmappen

Sobald Sie im Rahmen Ihrer Projektarbeit umfangreiche Tabellen, insbesondere mit komplexen Formeln benutzen, kommen Sie auf Dauer um den Schutz von Arbeitsblättern und möglicherweise kompletter Arbeitsmappen nicht herum. Nur so werden Sie diese vor Fehlern und vor den Augen Unbefugter bewahren können.

Arbeitsblätter schützen

Um die Formeln und Texte nicht versehentlich zu überschreiben, wird mit einem Blattschutz gearbeitet. Standardmäßig ist allen Zellen eines Arbeitsblatts der Status **Gesperrt** zugewiesen. Aus diesem Grund müssen Sie alle Zellen, in denen Sie Eingaben erlauben möchten, von dieser Sperre ausnehmen, bevor Sie den Blattschutz aktivieren.

Mit den folgenden Arbeitsschritten geben Sie Zellen zur Eingabe frei:

So geben Sie Zellen zur Eingabe frei

1. Markieren Sie die Zellen, in denen Sie Eingaben erlauben möchten. Mehrfachmarkierungen erhalten Sie mit gedrückter **Strg**-Taste.
2. Wählen Sie **Format → Zellen**. Wechseln Sie auf die Registerkarte **Schutz**. Dort deaktivieren Sie im folgenden Dialogfenster das Kontrollkästchen **Gesperrt**.
3. Das Sperren von Zellen ist nur im Zusammenhang mit dem Blattschutz wirksam. Richten Sie diesen über **Extras → Schutz → Blatt (schützen)** im Dialogfenster **Blatt schützen** ein.
4. Wenn Sie befürchten, dass Anwender den Blattschutz deaktivieren und Schaden in wichtigen Projektdaten anrichten, schützen Sie das Blatt mit einem Kennwort. Tragen Sie dazu ein Kennwort in das Feld **Kennwort zum Aufheben des Blattschutzes** ein.
5. Nachdem Sie das Fenster über **OK** verlassen haben, müssen Sie das Kennwort noch einmal bestätigen.
6. Wenn Sie später den Blattschutz über die Befehlsfolge **Extras → Schutz → Blattschutz aufheben** deaktivieren, müssen Sie das Kennwort in den Dialog **Blattschutz aufheben** eintragen.

Arbeitsmappe schützen

Eine weitere Schutzmöglichkeit in Excel ist der Arbeitsmappenschutz. Hier geht es nicht um den Schutz der einzelnen Tabellenarbeitsblätter, sondern um den Aufbau der vollständigen Projektarbeitsmappe. Damit verhindern Sie, dass die Struktur Ihrer Arbeitsmappe verändert wird.

Löscht der Anwender zum Beispiel einzelne Tabellen oder benennt diese um, funktionieren möglicherweise Ihre Makros nicht mehr oder es erscheinen an Stelle der Ergebnisse Fehlermeldungen. Darüber hinaus lässt sich verhindern, dass die Fenster einer Arbeitsmappe nicht verschoben, vergrößert, verkleinert, ausgeblendet, eingeblendet oder geschlossen werden können.

So schützen Sie eine Arbeits- mappe
Um eine Arbeitsmappe zu schützen, sind folgende Arbeitsschritte erforderlich:

1. Wählen Sie **Extras → Schutz → Arbeitsmappe (schützen)**. Sie gelangen in den gleichnamigen Dialog. Über das Kontrollkästchen **Struktur (Aufbau)** können Sie verhindern, dass sich Blätter Ihrer Mappe verschieben, einfügen, umbenennen oder löschen lassen.
2. Wenn Sie die Option **Fenster** aktivieren, schützen Sie alle Fenster einer Arbeitsmappe.
3. Wie beim Blattschutz haben Sie die Möglichkeit, die Sperre über ein Kennwort zu sichern. Verlassen Sie das Dialogfenster über **OK**.

16.3 Eingaben kommentieren

Wenn mehrere Projektmitarbeiter an einer Excel-Datei arbeiten, ist es in der Praxis häufig sinnvoll, an der einen oder anderen Stelle Kommentare zu hinterlassen. Die einfachste Möglichkeit, Informationen zu Eingaben oder Vorgängen zu hinterlegen, sind Kommentare, die Excel für Zellen anbietet.

Kommentare benötigen in Excel keinen eigenen Platz in den Tabellen und können daher großzügig eingesetzt werden. Damit haben Sie die Möglichkeit, direkt vor Ort schnell Hinweise zu hinterlegen. Die Zellen, die eine Notiz enthalten, erkennt der Anwender an den kleinen roten Dreiecken rechts oben in den entsprechenden Zellen. Sobald Sie den Mauszeiger auf eine solche Zelle bewegen, wird der Kommentar zur Erläuterung der Eingaben eingeblendet.

So schreiben Sie einen Kommen- tar zu einer Zel- le
Wenn Sie einen Kommentar als Erläuterung zu einer Zelle erfassen möchten, müssen Sie folgende Schritte durchführen:

1. Setzen Sie die Eingabemarkierung in die Zelle, die einen Hinweis erhalten soll, und wählen Sie **Einfügen → Kommentar**.
2. Excel blendet ein Eingabefeld ein. Je nach Systemeinstellung finden Sie oben den Benutzernamen. Falls Ihr Name nicht er-

scheinen soll, löschen Sie ihn einfach. Geben Sie den gewünschten Text ein und klicken danach wieder in die Tabelle.

3. Sollten die roten Hinweisdreiecke bei Ihnen nicht erscheinen, wählen Sie **Extras → Optionen** und aktivieren das Optionsfeld **Nur Indikatoren** im Bereich **Kommentare** auf der Registerkarte **Ansicht**.

16.4 Die Übersicht in komplexen Projektdateien behalten

Häufig wachsen Arbeitsmappen und Tabellenarbeitsblätter im Verlaufe der Projektarbeit stark an. Darunter leidet die Übersicht. Alles, was für den Anwender nicht von Bedeutung ist, sollten Sie deshalb ausblenden. Das können Zeilen, Spalten oder komplette Arbeitsblätter sein.

Wenn in einer fertigen Tabelle nicht unbedingt alle Spalten oder Zeilen sichtbar sein müssen, bietet es sich an, einzelne Spalten oder Zeilen auszublenden. Das erledigen Sie wie folgt:

So blenden Sie Zeilen oder Spalten aus

1. Markieren Sie die überflüssigen Spalten bzw. Zeilen. Klicken Sie dazu in den gewünschten Spalten- bzw. Zeilenkopf.
2. Wählen Sie **Format → Spalte → Ausblenden**. Für Zeilen verwenden Sie die Befehlsfolge **Format → Zeile → Ausblenden**.

Werden komplexe Nebenrechnungen in eigenen Tabellen durchgeführt, lassen sich komplette Tabellenarbeitsblätter von der Ansicht ausschalten. Wählen Sie dazu **Format → Blatt → Ausblenden**. Über die Menübefehle **Format → Blatt → Einblenden** machen Sie die Tabelle wieder sichtbar.

16.5 Die Projektdaten optimal drucken

Zahlreiche Projektunterlagen, die Sie in Excel erstellt haben, werden Sie an Dritte weitergeben müssen. Damit Sie einen guten Eindruck hinterlassen, müssen Sie den Druck optimal gestalten. Abschließend einige Tipps, wie Sie Ihre Daten am besten zu Papier bringen.

Projektdaten professionell drucken

Oft genügt ein Klick auf die Schaltfläche **Drucken** der **Standard**-Symbolleiste und die Informationen des Bildschirms werden wunschgemäß auf Papier übertragen.

Im Arbeitsalltag treten jedoch immer wieder die unterschiedlichsten Probleme auf. Mal wird zu viel, mal zu wenig gedruckt oder die Statistik, die auf einem Blatt erscheinen soll, wird auf verschiedene Seiten verteilt. Informationen wie Nebenrechnungen, die gar nicht präsentiert werden sollen, befinden sich im Ausdruck. Dafür fehlen in mehrseitigen Tabellen die Überschriften auf den Folgeseiten. Auch sinnvolle Seitenumbrüche bereiten Excel in der Praxis häufig Schwierigkeiten.

Diese Fehler haben die unterschiedlichsten Ursachen und den Hintergrund, dass das, was auf dem Bildschirm zu sehen ist, sich nicht immer ohne Weiteres auf ein Blatt Papier übertragen lässt. Die Ursache liegt zum einen an den unterschiedlichen Formaten von Bildschirmfenster und Papier und zum anderen an den Farben, bei denen es ebenfalls Abweichungen zwischen Bildschirm und Drucker gibt.

So bereiten Sie einen Ausdruck optimal vor Um einen Ausdruck optimal vorzubereiten, sollten Sie im Vorfeld folgende Fragen klären:

* Was soll gedruckt werden?
* Wie viele Seiten sollen gedruckt werden?
* Soll der Ausdruck im Hoch- oder Querformat erfolgen?
* Welche Ansprüche werden an das Layout gestellt?
* Mit welchem Drucker sollen die Ergebnisse zu Papier gebracht werden?

Standardmäßig druckt Excel immer das aktive Blatt. Wenn Sie mehrere Arbeitsblätter in einem Rutsch drucken möchten, markieren Sie die Blattregister der gewünschten Tabellenblätter und halten die **Umschalt**-Taste gedrückt, um alle Register zu markieren, die Sie zu Papier bringen möchten.

Weiß unterlegte Registerlaschen signalisieren, welche Blätter ausgewählt wurden. Drücken Sie die Tastenkombination **Strg + p**. Auf diese Weise gelangen Sie in das Dialogfenster **Drucken**. Dort klicken Sie auf **OK**. Der Ausdruck wird gestartet.

Möchten Sie nur einen bestimmten Teil einer Tabelle ausgeben, müssen Sie einen Druckbereich definieren. Dazu markieren Sie den Tabellenbereich, den Sie zu Papier bringen möchten, und wählen anschließend **Datei** → **Druckbereich** → **Druckbereich festlegen**.

So definieren Sie einen Druckbereich

Der Druckbereich wird definiert. Sie erkennen ihn anschließend an einem gestrichelten schwarzen Rahmen. Um einen Druckbereich zu löschen, wählen Sie **Datei** → **Druckbereich** → **Druckbereich aufheben**.

Im Dialog **Drucken**, den Sie über das **Datei**-Menü erreichen, haben Sie ebenfalls die Möglichkeit, Einfluss darauf zu nehmen, was gedruckt werden soll. Unter **Druckbereich** (Excel 97: **Bereich**) bestimmen Sie, ob das gesamte Dokument (**Alles**) oder eine bestimmte Anzahl Seiten gedruckt wird.

Im Bereich **Drucken** lässt sich der Druck auf eine bestimmte Markierung beschränken. Außerdem stehen die Optionen **Gesamte Arbeitsmappe** und **Ausgewählte Blätter** zur Verfügung. Unter **Exemplare** legen Sie fest, wie oft Sie einen Ausdruck erzeugen möchten.

Die Seite richtig einrichten

Im Dialog **Seite einrichten** haben Sie auf der Registerkarte **Tabelle** die Möglichkeit, für bestimmte Elemente festzulegen, ob diese auf dem Ausdruck erscheinen sollen oder nicht (s. Abb. 9).

- Aktivieren Sie im Bereich **Drucken** das Kontrollkästchen **Gitternetzlinien**, erscheinen diese auf dem Ausdruck unabhängig davon, ob sie in der eigentlichen Tabelle angezeigt werden oder nicht.

- Auch **Zeilen- und Spaltenüberschriften** (Excel 97: **Zeilen- und Spaltenköpfe**) lassen sich durch das Abhaken des entsprechenden Kontrollkästchens ausdrucken.

- Das Kontrollkästchen **Schwarz-Weiß-Druck** unterdrückt eingestellte Farben.

- Über das Listenfeld **Kommentare** bestimmen Sie, ob Anmerkungen, die Sie in Ihre Tabelle geschrieben haben, gedruckt werden sollen oder nicht. Sollten Sie sich für den Ausdruck der Kommentare entscheiden, haben Sie die Wahl diese **Am Ende** des Blattes oder **Wie auf dem Blatt angezeigt** zu drucken.

Überschriften perfekt drucken

Um Spalten- bzw. Zeilenüberschriften auf den Folgeseiten mitzudrucken, arbeiten Sie mit einem so genannten **Drucktitel**. Als Drucktitel wird eine zu definierende Zeile bzw. Spalte der zu druckenden Tabelle als Überschrift verwendet.

Aktivieren Sie für die Einstellungen die Registerkarte **Tabelle** im Dialog **Seite einrichten**. Klicken Sie dort im Bereich **Drucktitel** in das Feld **Wiederholungszeilen oben** (Excel 97: **Wiederholungszeilen**) und anschließend in der Tabelle auf den gewünschten Zeilenkopf bzw. die gewünschte Spalte.

Den Ausdruck weiter optimieren

Im Dialogfenster **Seite einrichten** werden unter anderem Vorgaben für Ausrichtung, Papiergröße, Seitenränder und Skalierung des Layouts festgelegt.

So drucken Sie im Querformat

Häufig ist es sinnvoll, das vorliegende Datenmaterial im Querformat auszudrucken. Um Projektdaten im Querformat zu drucken, führen Sie folgende Schritte durch:

1. Wählen Sie **Datei → Seite einrichten** und wechseln Sie auf die Registerkarte **Papierformat**.
2. Klicken Sie unter **Orientierung** (Excel 97: **Ausrichtung**) die Option **Querformat** an. Bestätigen Sie die Einstellung über **OK**.
3. Überprüfen Sie das Ergebnis in der Seitenansicht, um festzustellen, ob weitere Einstellungsarbeiten notwendig sind.

Daten skalieren

Standardmäßig wählt Excel stets eine Skalierung von **100 %**. Wenn die Tabelle nicht automatisch auf einer Seite bzw. gewünschten Anzahl Seiten Platz findet, lässt sie sich über die Skalierungsfunktion proportional verkleinern.

Sie können dies entweder über die Option **Anpassen** erledigen oder über **Verkleinern/Vergrößern**. Bei der letzten Variante geben Sie manuell die Prozentwerte vor. Über **Anpassen** ist gewährleistet, dass in jedem Fall die gewünschte Seitenzahl eingehalten wird. Beachten Sie in diesem Zusammenhang, dass ein zu hoher Skalierungsfaktor unter Umständen zu Lasten der Lesbarkeit geht.

Informationen wiederholen

Informationen, die auf jeder Seite eines Ausdrucks erscheinen sollen, werden in Kopf- bzw. Fußzeilen eingetragen. Diese erscheinen am oberen und unteren Seitenrand. Seitenzahlen sind ein typisches Element, das in Kopf- und Fußzeilen eingegeben wird. Sie werden über **Datei → Seite einrichten** auf der Registerkarte **Kopfzeile/Fußzeile** eingestellt.

So verwenden Sie Kopf- und Fußzeilen

Über die Listenfelder **Kopfzeile** beziehungsweise **Fußzeile** können Sie vordefinierte Einträge für die Kopf- und Fußzeilen auswählen. Zur Disposition stehen in erster Linie Seitenzahlen, Tabellennamen, Name des Autors etc. Über **(Keine)** verhindern Sie Einträge im Kopf- und Fußbereich des Ausdrucks.

Wenn die vorgegebenen Möglichkeiten der Listenfelder **Kopfzeile** und **Fußzeile** nicht zum gewünschten Ergebnis führen, lassen sich über die Schaltflächen **Benutzerdefinierte Kopfzeile** beziehungsweise **Benutzerdefinierte Fußzeile** differenziertere Einstellungen für diesen Bereich vornehmen.

Die zugehörigen Dialoge stellen die Bereiche **Linker Abschnitt** (Excel 97: **Bereich**), **Mittlerer Abschnitt** und **Rechter Abschnitt** zur Verfügung. Hier haben Sie auch die Möglichkeit, Formatierungseinstellungen der Schriftart, Größe und Auszeichnung durchzuführen. Schaltflächen erleichtern das Anlegen von Informationen wie Tabellennamen, Datum oder Uhrzeit.

Der richtige Abstand

Um das gewünschte Ergebnis bei Ausdruck Ihrer Projektdaten zu erhalten, sind Kenntnisse über Seitenformate, -ränder und -umbrüche von Vorteil. Hier die wichtigsten Punkte:

- Randeinstellungen werden auf der Registerkarte **Seitenränder** festgelegt, die Sie ebenfalls über den Dialog **Seite einrichten** erhalten.

- Achten Sie darauf, dass die Einträge in den Feldern **Oben**, **Unten**, **Links** und **Rechts** größer sein müssen, als die vom Drucker unterstützten Mindestränder.

- In den Feldern **Kopfzeile** bzw. **Fußzeile** wird der Abstand dieser Zeilen zum Blattrand eingetragen. Der hier definierte Abstand muss kleiner als die für die Seitenränder gewählten Abstände sein. Wenn das nicht der Fall ist, werden die Daten der Kopf- bzw. Fußzeile durch die Informationen der Tabelle überschrieben.

- Oft wirken Informationen auf einem Blatt besser, wenn Sie zentriert werden. Im Bereich **Auf der Seite zentrieren** lassen sich über die Kontrollkästchen **Horizontal** und **Vertikal** Tabellen bzw. Diagramme in der Mitte der Seite anordnen. Diese Einstellungen können Sie einzeln oder kombiniert nutzen.

Die Qualität des Drucks weiter beeinflussen

Über **Datei** → **Seite einrichten** → **Papierformat** haben Sie die Möglichkeit, die Druckqualität über die Auflösung zu beeinflussen und somit Ihre Projektdaten professionell zu präsentieren.

Das Maß für die Qualität des Ausdrucks wird durch die Einheit **dpi** (**dots per inch** = Punkte pro Zoll) geregelt. Je höher der dpi-Wert, desto besser die Qualität. Das bedeutet aber auch, dass gleichzeitig mehr Zeit für den Ausdruck benötigt wird. Im Umkehrschluss kann durch ein Reduzieren dieses Wertes der Druckvorgang beschleunigt werden.

Über **Entwurfsqualität** lässt sich die Druckzeit reduzieren. Ist das Kontrollkästchen aktiviert, werden keine Gitternetzlinien und nur eine geringe Anzahl an Grafiken gedruckt. Diese Einstellung spart Druckertinte und ist für einen ersten Eindruck der Druckergebnisse sinnvoll.

Einzelne Projekttabellen in Gesamtbericht einbinden

Standardmäßig beginnt Excel bei der Seitenzahl mit der Ziffer 1. Benötigen Sie den Ausdruck als Teil eines umfangreicheren Projektberichts, ist das unter Umständen nicht erwünscht.

Wenn Ihre Tabelle oder Ihr Diagramm zum Beispiel als Teil eines Projektberichts die zehnte Seite darstellt, schreiben Sie die gewünschte Zahl in das Eingabefeld **Erste Seitenzahl** der Registerkarte **Papierformat** im Dialog **Seite einrichten**. Auf diese Weise überschreiben Sie gleichzeitig den vordefinierten Eintrag **Automatisch**.

16.6 Zusammenfassung

Projektdaten sind häufig sensibel und sollten deshalb geschützt werden. In Excel schützen Sie Tabellen über die Befehlsfolge **Extras →** **Schutz → Blatt**, Arbeitsmappen über **Extras → Schutz → Arbeits-** **mappe**.

Wenn mehrere Projektmitarbeiter an einer Excel-Datei arbeiten, ist es in der Praxis häufig sinnvoll, Tabellen zu kommentieren. Arbeiten Sie dazu mit dem Befehl **Kommentar** aus dem Menü **Einfügen**.

In komplexen Projektarbeitsmappen schaffen Sie mit dem Ausblenden von Zeilen, Spalten oder kompletten Arbeitsblättern Übersicht.

Projektdaten, die Sie an Dritte weitergeben müssen, sollten Sie optimal zu Papier bringen. Wichtige Einstellungen in diesem Zusammenhang nehmen Sie in den Dialogen **Drucken** bzw. **Seite einrichten** vor.

Die Excel-Tools im Überblick

Die folgende Tabelle bietet Ihnen einen Überblick über alle Arbeitshilfen, die Sie begleitend zu diesem Buch auf der CD-ROM finden. Die Auflistung erfolgt in alphabetischer Reihenfolge.

Siehe CD-ROM

Excel-Tool und Kapitel	Tabellenarbeitsblätter	Erläuterung
PM_Ablaufplan.xls Schritt 5	Arbeitspaketliste	In der Arbeitpaketliste werden alle Arbeitspakete zusammengestellt.
	Baukasten	Baukasten zur Erstellung eines Projektablaufplans.
	Aufwandschätzung	Ermittelt den Aufwand einzelner Arbeitspakete mit Hilfe einer praxisrelevanten Formel.
PM_Arbeitspaket.xls Schritt 6	Auftrag	Dieses Tool enthält das Formular Auftrag. Dabei handelt es sich um eine Arbeitspaketbeschreibung. Über die Schaltfläche **Neues Formular generieren** haben Sie die Möglichkeit, das leere Formular zu vervielfältigen.
PM_Checkliste_Projekt.xls Einleitung Projektmanagement: Was ist das?	Checkliste	Dient als Orientierungshilfe, ob ein Projekt vorliegt oder nicht.
PM_FeedBack.xls Schritt 10	Feedback	Fragebogen zur Projektarbeit aus Sicht der Teammitglieder.
PM_Investitionsrechnung.xls Schritt 3	Statische Rechnung	Grundgerüst für eine statische Investitionsrechnung in Form einer Kosten- sowie Gewinnvergleichsrechnung.

Excel-Tool und Kapitel	Tabellenarbeitsblätter	Erläuterung
	Dynamische Rechnung	Grundgerüst für eine dynamische Investitionsrechnung auf Basis der Internen Zinsfußmethode.
PM_Kostenplan.xls Schritt 7	Arbeitspaketplan	Ermöglicht die Planung unterschiedlicher Kostenarten und Ressourcen. Eine laufende Anpassung bei Planänderungen ist möglich.
	Kostenplan	Hier werden die Gesamtkosten der einzelnen Arbeitspakete erfasst und verdichtet. Eine laufende Anpassung im Falle von Planänderungen ist ebenfalls möglich.
	Anschaffungskosten	Nebenrechnung zur Ermittlung von Anschaffungskosten.
	Formular	Ausgeblendete Tabelle zur Vervielfältigung des Formulars **Arbeitspaketkosten**.
PM_LeitungUndTeam.xls Schritt 4	Projektleiter	Beurteilung von potenziellen Projektleitern nach dem Schulnotensystem. Die Gesamtnote wird automatisch vom System ermittelt.
	Projektteam	Beurteilung von potenziellen Teammitgliedern nach dem Schulnotensystem. Die Gesamtnote wird automatisch vom System ermittelt.
	Mitarbeiterliste	Zusammenstellung aller am Team beteiligten Mitarbeiter.

Excel-Tool und Kapitel	Tabellenarbeitsblätter	Erläuterung
PM_Mitarbeiterbeurtei-lung.xls Schritt 10	Beurteilung	Beurteilungsbogen, mit dessen Hilfe Projektmitarbeiter nach der Projektarbeit an verschiedenen Kriterien gemessen werden. Über Options-, Dropdown-Felder und Kontrollkästchen werden verschiedene Beurteilungskriterien einer Checkliste ausgewählt. Diese wiederum sind mit bestimmten Punktzahlen verbunden. Die Auswertung der Leistungsbeurteilung erfolgt automatisch mit Hilfe von Formeln.
PM_Praesentationshilfe.xls Schritt 9	Präsentationshilfe_1	Bietet Hilfestellung bei der Vorbereitung eines Vortrags.
	Präsentationshilfe_2	Checkliste in Form einer To-do-Liste.
	Präsentationshilfe_3	Liste technischer Hilfsmittel.
PM_Pressearbeit.xls Schritt 9	Pressearbeit	Tabelle enthält wertvolle Tipps zum Umgang mit Medien.
	Vorlage	Grundgerüst für eine Pressemitteilung.
PM_Projektabschlussbe-richt.xls Schritt 9	Projektabschlussbe-richt_1	Bericht mit Soll/Ist-Vergleich der Ressourcen zuzüglich Abweichungen.
	Projektabschlussbe-richt_2	Bericht mit Soll/Ist-Daten.
	Projektergebnisbericht_1	Zielt schwerpunktmäßig auf die Soll/Ist-Ziele und deren Messgrößen ab.
	Projektergebnisbericht_2	Zielt schwerpunktmäßig auf verbale Erläuterung ab.

Excel-Tool und Kapitel	Tabellenarbeitsblätter	Erläuterung
PM_Projektmeeting.xls Schritt 8	Checkliste	In der Checkliste werden die Meetings erfasst. Im Einzelnen tragen Sie hier die Bezeichnung des Meetings selbst, die Ziele, Teilnehmer sowie den Rhythmus der Treffen ein. Darüber hinaus steht eine Bemerkungsspalte zur Verfügung.
	Protokoll	Im Protokoll erfassen Sie wichtige Informationen zur Sitzung wie z. B. Teilnehmer oder Beschlüsse.
PM_Projektstatus.xls Schritt 8	Projektstatusbericht_1	Formular zur Erfassung des Projektstatus.
	Projektstatusbericht_2	Formular (vgl. Projektstatusbericht).
	Teilprojektstatusbericht	Formular (vgl. Projektstatusbericht).
	Arbeitspaketstatusbericht	Formular (vgl. Projektstatusbericht).
PM_Ressourcenplan.xls Schritt 6	Arbeitspaketeplan	Sammelt den Stundenbedarf und die erforderlichen Arbeitshilfen für das Projekt.
	Arbeitshilfenplan	Schafft eine Übersicht über die notwendigen Arbeitshilfen.
	Mitarbeiterplan	Ermittelt die personellen Ressourcen unter Berücksichtigung von Urlaubs- und Fehlzeiten.
	Personalabgleich	Vergleicht die notwendigen Personalressourcen mit den vorhandenen Ressourcen.
	Arbeitshilfenabgleich	Vergleicht die notwendigen Ressourcen an Arbeitshilfen mit den vorhandenen Ressourcen.

Excel-Tool und Kapitel	Tabellenarbeitsblätter	Erläuterung
	Zuordnung_AP_Mitarbeiter	Ordnet den einzelnen Arbeitspaketen Mitarbeiter zu.
	Zuordnung_AP_Arbeitshilfen	Ordnet den einzelnen Arbeitspaketen Arbeitshilfen zu.
	Personalabgleich	Vergleicht vorhandene personelle Ressourcen mit dem Bedarf.
	Arbeitshilfenabgleich	Vergleicht vorhandene materielle Ressourcen mit dem Bedarf.
PM_Restarbeiten.xls Schritt 10	Restarbeiten	In der Tabelle Restarbeiten werden arbeitspaketbezogen Informationen abgefragt.
	Auftrag	Auftragsformular für Restarbeiten bzw. Nachbesserungen.
PM_Risikencheckliste.xls Schritt 3	Checkliste	Checkliste, mit deren Hilfe Sie die mit dem Projekt verbundenen Risiken und Erwartungen abklopfen können.
PM_Situationsanalyse.xls Schritt 1	Fakten	Hilft bei der Analyse der Ausgangssituation.
	Einflussfaktoren	Sammelt und bewertet Einflussfaktoren.
	Schnittstellen_Abt	Zeigt Schnittstellen des Projekts zu anderen Abteilungen.
	Schnittstellen_Proj	Zeigt Schnittstellen des Projekts zu anderen Projekten.
	Stakeholder_Int	Sammlung und Beurteilung interner Stakeholder.
	Stakeholder_Ext	Sammlung und Beurteilung externer Stakeholder.

Excel-Tool und Kapitel	Tabellenarbeitsblätter	Erläuterung
PM_Soll_Ist_Vergleich.xls Schritt 8	Arbeitspaket	Soll/Ist-Vergleich für Arbeitspaketkosten auf Kostenbasis. Gearbeitet wird mit den Bereichen Ursprünglicher Plan, Angepasster Plan sowie Ist. Es werden sowohl absolute als auch relative Abweichungen ausgewiesen.
	Gesamtprojekt	Soll/Ist-Vergleich für das Gesamtprojekt (vgl. Tabelle Arbeitspaket).
PM_Strukturplan.xls Schritt 5	Teilprojekte	Sammlung aller Teilprojekte.
	Arbeitspakete	Sammlung aller Arbeitspakete.
	Baukasten	Da jedes Projekt einen individuellen Aufbau hat und damit auch Strukturpläne unterschiedlich ausfallen, befindet sich kein fertiger Strukturplan in unserer Musterlösung. Vielmehr haben wir einen Baukasten für Sie zusammengestellt.
		Der Baukasten enthält ein Projektelement, 3 Elemente für Teilaufgaben, 4 Elemente für Arbeitspakete.
	Beispiel	Beispielstrukturplan
PM_Terminabgleich.xls Schritt 8	Teilprojekte	Tabelle zur Eingabe von Teilprojektterminen auf der Basis von Soll- und Ist-Datumswerten. Differenzen zwischen Soll und Ist werden in Tagen ermittelt.
	TP_Starttermin	Diagramm, das die Differenzen im Hinblick auf den Projektstart der einzelnen Teilprojekte zeigt.

234

Excel-Tool und Kapitel	Tabellenarbeitsblätter	Erläuterung
	TP_Endtermin	Diagramm, das die Differenzen im Hinblick auf die Endtermine der einzelnen Teilprojekte zeigt.
	Arbeitspakete	Tabelle zur Eingabe von Arbeitspaketen auf der Basis von Soll und Ist-Datumswerten. Differenzen zwischen Soll und Ist werden in Tagen ermittelt.
	AP_Starttermin	Diagramm, das die Differenzen im Hinblick auf den Projektstart der einzelnen Arbeitspakete zeigt.
	AP_Endtermin	Diagramm, das die Differenzen im Hinblick auf die Endtermine der einzelnen Arbeitspakete zeigt.
PM_Terminplan.xls Schritt 5	Teilprojekte	Sammelt Teilprojekte mit Start- und Endtermin.
	Projektplanung_TF	Stellt die Teilprojekte und ihre Dauer grafisch in Form eines Gantt-Diagramms dar.
	Arbeitspakete	Hier werden die Endtermine für die einzelnen Arbeitspakete ermittelt.
	Projektplanung_AP	Stellt die Arbeitspakete und ihre Dauer grafisch in Forme eines Gantt-Diagramms dar.
	Feiertage	Auflistung von Feiertagen (wird für den Einsatz der Funktion **NETTOARBEITSTAGE** benötigt)
	Kalenderwochen	Terminkalender auf Basis von Kalenderwochen.
	Tagesplanung_HJ1	Terminkalender für das erste Halbjahr auf Tagesbasis.

235

Excel-Tool und Kapitel	Tabellenarbeitsblätter	Erläuterung
	Tagesplanung_HJ2	Terminkalender für das zweite Halbjahr auf Tagesbasis.
	Mehrjahresplan	Ermöglicht bei komplexen Projekten die Dauer von einzelnen Projektteilen bzw. Arbeitspaketen monatsweise zu zeigen.
PM_Zieldefinition.xls Schritt 2	Zieldefinition	Wegweiser zur Definition von Projektzielen.
	Zielkatalog	Sammlung von Projektzielen.

Stichwortverzeichnis

A

Ablaufplan 77
Amortisationsrechnung 49
Annuitätenmethode 50
Anschaffungskosten 111,
112
Arbeitsaufträge 94
Arbeitspakete 72, 75, 93
Ausgangssituation 23, 24,
26

B

Budgetrisiko 46

D

DIN 690901 9
DIN 69901 12

E

Erfolgsfaktoren 15

G

Gewinnvergleichsrechnung
49

I

Informationsmanagement
18, 128

Investitionsrechnung 48
ISC 10006 25

K

Kapitalwertmethode 50
Kostenarten 110, 111
Kostenplan 109
Kostenplanung 109, 112
Kostenrechnung 110
Kostenstellen 110
Kostenträger 110
Kostenvergleichsrechnung
49

L

Leistungsrisiko 47

N

Nachbesserungen 164

P

Plankosten 112
Projektablaufplan 72
Projektabschluss 146
Projektabschlussbericht
146
Projektcontrolling 125,
126

Projektleiter 62, 63
Projektmeeting 128, 129
Projektnachkalkulation
    165
Projektstrukturplan 72
Projektterminplan 73

R

Rentabilitätsrechnung 49
Ressourcen
    materielle 93, 94
    personelle 93, 94
Ressourcenplan 93
Restarbeiten 164
Risikoanalyse 45, 47

S

Soll/Ist-Vergleich 126, 127

Stakehloder
    interne 25
Stakeholder 25, 29, 30
    externe 25, 26
    interne 25
Statusbericht 129, 130
Störfaktoren 20

T

Teammitglieder 63
Teilprojekte 74
Terminrisiko 46

Z

Zieldefinition 16, 17, 36
Zinsfußmethode
    interne 50

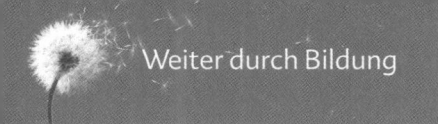

Zertifizierter Lehrgang

Geprüfte/r Projektmanager/in

zertifiziert durch FH Deggendorf

Im zertifizierten Lehrgang vertiefen Sie Ihr Wissen im Projektmanagement anwendungs-
bezogen. Die Inhalte sind auf die komplexen Anforderungen im Projektmanagement
abgestimmt und orientieren sich an den internationalen Projektmanagement-Standards
nach IPMA® bzw. PMI®.

Ihr Nutzen

- Sie vertiefen Ihre Projektmanagement-Kompetenz profesionell und erhalten uner-
  lässliches Rüstzeug.
- Ihre Ergebnisse im Projekt, die Zusammenarbeit im Team und mit Stakeholdern
  werden verbessert.
- Durch die Zertifizierung der FH Deggendorf erhalten Sie einen anerkannten Abschluss.

**Der Lehrgang besteht aus drei Pflichtseminaren, einem Wahlseminar
und einer Abschlussprüfung:**

Pflichtseminare:

- Projektmanagement Basiswissen: Die wichtigsten Methoden
- Erfolgreiches Projektcontrolling
- Grundlagen der Führungskompetenz und Kommunikation für Projektleiter/innen

Wahlseminare – Wählen Sie ein Seminar aus!

- Internationale Projekte professionell managen
- Erfolgreicher Softwareeinsatz im Projekt
- Professionell präsentieren und moderieren für Projektmanager

Ausführliche Informationen unter:
Tel. 0761 4708-811 oder
im Internet: www.haufe-akademie.de

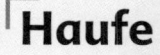